水利水电与公路桥梁工程施工组织设计实例

杨士安　朱成群　雷继锋　杨　娜　编　著

黄河水利出版社

内容提要

本书主要包括土石坝工程施工组织设计、引水闸工程施工组织设计、防洪堤工程施工组织设计、高等级公路工程施工组织设计、简支T型桥梁施工组织设计、隧道工程施工组织设计，可供水利、工业与民用建筑、公路、桥梁等专业相关人员阅读参考。

图书在版编目(CIP)数据

水利水电与公路桥梁工程施工组织设计实例/杨士安等编著.—郑州:黄河水利出版社,2008.1

ISBN 978-7-80734-324-0

Ⅰ.水… Ⅱ.杨… Ⅲ.①水利工程-施工组织-设计 ②水力发电工程-施工组织-设计 ③道路工程-施工组织-设计④桥梁工程-施工组织-设计 Ⅳ.TV5 U4

中国版本图书馆CIP数据核字(2007)第188751号

出 版 社:黄河水利出版社

地址:河南省郑州市金水路11号　　邮政编码:450003

发行单位:黄河水利出版社

发行部电话:0371-66026940　　传真:0371-66022620

E-mail:hhslcbs@126.com

承印单位:黄委会设计院印刷厂印刷

开本:787 mm×1 092 mm　1/16

印张:9.5

字数:219千字　　印数:1—1 000

版次:2008年1月第1版　　印次:2008年1月第1次印刷

书号:ISBN 978-7-80734-324-0/TV·536　　定价:25.00元

前　言

施工组织设计是指导工程项目投标、施工准备和组织施工的全面性技术文件。在工程项目管理中依据施工组织设计统筹全局，协调施工过程各层面工作，可保证顺利完成合同规定的各项任务，实现项目的管理精细化、运作标准化、方案先进化、效益最大化。编制和实施施工组织设计已成为我国建筑施工企业一项重要的技术管理制度，也是施工企业优势技术和现代化管理水平的重要标志。

如何保证顺利完成工程项目，这给工程技术人员制定施工组织设计提出了较高的要求。为了解决工程技术人员在工作中面临的实际问题，本书以作者组织编写的部分水利水电工程及公路桥梁工程的施工组织设计为实例，较全面、详细地介绍了施工技术和施工组织设计编制的方法及内容，并附有相关的资料、数据、图表和实例，结合工程实践中的研究成果，重视理论和实践相结合。本书可作为编制水利水电和公路桥梁工程施工组织设计的依据，也可作为工程技术人员工程管理参考用书和学习资料，相信会有很好的参考价值。

由于时间及水平有限，本书有不当之处，敬请读者给予指正，深表感谢。

作　者

2007 年 8 月

目　录

第一篇　水利水电工程

第二篇 公路、桥梁、隧道工程

第一篇 水利水电工程

1 土石坝工程施工组织设计

1.1 编制原则

通过对×××水利枢纽土石坝工程踏勘施工现场所获得的感性认识及有关资料、对招标文件和澄清函的仔细阅读及理解，针对本工程所处地理位置的地形、工程地质、水文地质、工程结构等特点，结合类似工程的施工经验，在编制本施工组织设计时，将突出以下原则。

1.1.1 质量创优原则

工程质量是承包人经营管理的核心，承包人将以 GB/T19001—ISO9001:2000 质量体系标准的要求，建立完善的工程质量保证体系，投入精干人员，以先进的施工技术、精良的设备、科学的管理，修造精品工程，让发包人满意。

施工中将以发包人为关注焦点，认真贯彻工程质量方针，提高员工的质量意识，大力推行质量管理，保证质量体系的有效运行。依靠技术创新，确保本工程达到优良等级，并力争创国家级优质工程奖。

1.1.2 进度保证原则

根据招标文件对本工程的总工期及阶段工期目标要求，编制科学的施工措施方案。施工进度计划实行网络控制，科学合理地配置资源，重点做好工序间的衔接、进度实时监控，以确保实现工期目标。

1.1.3 安全保护原则

建立安全管理机构，配备专职安全人员，加强对施工作业安全的管理，加强易燃、易爆材料的管理，制定安全操作规程，配备必要的安全生产设施和劳动保护用具，并经常对职工进行施工安全教育。特殊岗位操作工做到持证上岗，安全措施落实到位，确保万无一失。

1.1.4 环境保护原则

在施工过程中，遵守有关环境保护的法律、法规和规章以及本合同的有关规定，编制施工区和生活区的环保措施计划，尽可能保护非工程区的自然环境，最大限度地减少施工对该工程和周边环境的影响。

1.1.5 方案优化原则

本着安全、优质、高效的原则,按期完成合同工程项目的施工任务,健全施工方案论证制度,在施工前进行施工试验以优选资源配置参数、施工工艺参数、施工质量控制标准,制定施工技术规程。

1.1.6 合理布局原则

根据本标段工程的任务量和管理目标,考虑地形地貌特征,在临时工程的施工布置上,特别是水电管线、道路及各种场地的设置,充分利用已有的临时设施,减小临建规模,本着避免干扰、就近布置、方便适用、优化设置的原则,合理布局。

1.1.7 科学配置原则

根据本标段工程的任务量和管理目标的要求,实行科学配置。人力资源方面,选派熟悉本工程并具有丰富经验的项目管理人员和作业人员,组建专业化项目部;设备资源方面,投入数量充足、先进精良的施工设备和检测试验仪器;资金方面,专款专用,强化建设资金的管理,确保流动资金的周转使用;物资供应方面,合理预备主要机械设备的易损件,加强施工物资在采购、检验、验收、使用等环节的管理,保证主要设备正常运转,施工中,选用优质材料。总之,在人、财、物、设备等方面,科学合理配置,保证施工需要。

1.1.8 积极协调、配合原则

根据招标文件要求和现场考察情况,本标段的施工将会与其他标段相互交叉,给各自的施工带来诸多不便。对此,我们将按照积极配合的原则,严格服从发包人和监理人的协调,与其他标段承包人友好相处,尽可能给其他标段的施工创造便利条件。

1.2 编制范围

本施工组织设计编制范围主要包括以下几个方面:

(1)建筑工程。黏土心墙坝工程主要包括坝体土方开挖、岩基石方开挖、帷幕灌浆、高压旋喷灌浆、黏土心墙填筑、反滤层、坝体石渣及砂砾石填筑、护坡砂砾石垫层、护坡干砌石、防浪墙、坝顶路面等。

(2)机电设备及安装主要包括工程内部自动化监测系统。

(3)临时工程主要包括施工围堰、施工道路、施工用房、临时设施、加工厂、生活供水系统、生活供电系统、生活娱乐场所等临时设施。

主要项目与工程量见表 1-1。

表 1-1 主要项目与工程量

序号	工程项目名称	单位	数量
1	清基	m^3	190 935
2	坝体土方开挖(利用)	m^3	65 688
3	土方开挖(弃)	m^3	43 792
4	岩基石方开挖	m^3	27 778
5	黏土心墙填筑	m^3	427 280

续表 1-1

序号	工程项目名称	单位	数量
6	反滤层	m^3	148 033
7	护坡砂砾石垫层	m^3	11 552
8	护坡干砌块石	m^3	34 700
9	贴坡排水堆石	m^3	19 805
10	贴坡排水反滤层	m^3	3 829
11	坝体石渣填筑(倒运 1km)	m^3	220 300
12	坝体石渣填筑(倒运 0.5km)	m^3	15 416
13	坝体石渣填筑(直接利用)	m^3	157 699
14	坝体砂砾料填筑(直接利用)	m^3	55 835
15	坝体砂砾料填筑(倒运 1km)	m^3	35 913
16	坝体填筑砂砾料(C3)	m^3	150 000
17	坝体填筑砂砾料(C1)	m^3	1 047 892
18	防浪墙混凝土 C20F100	m^3	1 274
19	坝基过渡料	m^3	189 935
20	坝基岩石削坡	m^3	3 960
21	坝基振密碾压	m^2	18 040
22	帷幕灌浆	m	87 66
23	帷幕灌浆(钻孔)	m	9 671
24	盖板混凝土 C20F50	m^3	8 954
25	钢筋制安	t	51
26	断层石方开挖	m^3	2 130
27	断层混凝土塞 C15	m^3	2 130
28	左坝端土方开挖	m^3	13 877
29	右坝端石方开挖	m^3	2 940
30	防浪墙模板	m^2	7 466
31	高压旋喷钻孔	m	4 418
32	高压旋喷灌浆	m	2 305
33	砂砾石垫层	m^3	870
34	坝顶路面 C20F200	m^3	1 160
35	细部结构	项	1

1.3 工程概况

×××水利枢纽工程为大(Ⅱ)型水利枢纽工程,总库容为$3.67\times10^8m^3$,装机1.92×10^4kW。该工程是以防洪、供水为主,结合灌溉、兼顾发电的综合利用工程。

主要建筑物由土石坝、溢洪道(含鱼道)、引水涵洞、发电厂房等组成。

本工程为土石坝工程,土石坝坝顶高程120.50m,坝顶长756.75m,最大坝高44.50m。坝顶宽6.0m,坝顶设防浪墙,墙高1.2m,墙顶高程121.70m。

上、下游坝顶高程101.04m处分别设2.0m宽的马道,上游坝坡马道以上为1:2.5,马道以下为1:2.75;下游坝坡马道以上为1:2.25,马道以下为1:2.5,坝体上、下游均采用干砌石护坡。

黏土心墙顶宽3.0m,心墙顶高程为118.90m,心墙两侧边坡为1:0.3,上游侧设厚2.0m的过渡层,下游侧设厚2.5m过渡层。心墙底部设黏土截水槽,槽底设混凝土盖板,盖板下设帷幕灌浆。截水槽底宽12.0m,坝体下游侧贴坡排水。

1.4 水文与气象条件

1.4.1 水文

×××水利枢纽处无水文资料,但上游设有桃源洞水文站,该站控制面积与坝址控制面积相差20%。根据规范要求,设计中采用水量比的方法,将桃源洞的径流量换算至坝址断面,其计算成果见表1-2~表1-4。

表1-2 ×××水利枢纽年径流计算成果

控制点	F (km^2)	项目	均值	C_v	C_s/C_v	P(%)				
						10	20	50	80	90
×××坝址	3 008	R(mm)	350	0.45	2.0	561	471	327	215	170
		W(10^8m^3)	10.53	0.45	2.0	16.87	14.17	9.82	6.47	5.11
		Q(m^3/s)	33.4	0.45	2.0	53.5	44.9	31.2	20.5	16.2

枢纽设计洪水采用地区洪水综合方法推算,其成果见表1-3。

表1-3 ×××水利枢纽设计洪水成果

控制点	F (km^2)	项目	均值	C_v	C_s/C_v	P(%)			
						0.05	1	2	10
×××坝址	3 008	Q_m(m^3/s)	940	1.3	2.5	11 300	6 000	4 840	2 330
		W_{24}(10^8m^3)	0.64	1.15	2.5	6.450	3.580	2.940	1.520
		W_3(10^8m^3)	1.15	0.96	2.5	9.100	5.340	4.470	2.530
		W_7(10^8m^3)	1.71	0.85	2.0	10.620	6.720	5.810	3.640

表 1-4　施工期设计洪水成果

控制点	F (km^2)	项目	均值	C_v	C_s/C_v	P(%)		
						2	10	20
×××坝址	3 008	Q_m(m^3/s)	131	1.21	2.5	651	459	321
		W_1($10^8 m^3$)	9.51	1.1	2.5	41.9	30.5	22.3
		W_3($10^8 m^3$)	23.4	0.89	2.5	92.9	69.5	52.2
		W_7($10^8 m^3$)	42.5	0.94	2.0	157	122	94.8
		Q_m(m^3/s)	180	1.2	2.5	860	612	426
		W_1($10^8 m^3$)	13.9	1.0	2.5	56.3	41.8	31.3
		W_3($10^8 m^3$)	32.8	0.96	2.5	128	96.1	72.5
		W_{77}($10^8 m^3$)	56.7	0.92	2.0	206	160	125

1.4.2　气象

该地区秋季凉爽多雾，冬季漫长而寒冷。一年中寒暑温差悬殊，多年平均气温5.9℃，最高气温36.3℃，最低气温-32.5℃。多年平均降水量为620.90mm，多年平均蒸发量为1 259.9mm（蒸发皿直径20cm），最大冻土深度155cm。多年平均风速3.3m/s，最大风速21m/s，风向为WNW。

1.4.3　泥沙与冰情

1.4.3.1　泥沙

根据桃源洞42年泥沙实测资料，按照面积比推求×××坝址多年平均悬移质输沙量为25.08×10^4t。推移质年输沙量按照悬移质多年平均输沙量的20%，最后得出×××水利枢纽年平均输沙量为30.1×10^4t。

1.4.3.2　冰情

×××水利枢纽坝址处无冰情观测资料，本次设计借用桃源洞站冰情资料，统计稳定封冻日期为11月20日，开河日期4月6日，稳定封冻天数127天，河心最大冰厚0.84m左右。

1.5　工程地质条件

本区地处××省东部山地中的低山丘陵区，地势北高南低。××河北侧为中低山区，南侧为低山丘陵区。根据《中国地震烈度区划图(1990)》，本区地震基本烈度为6度。

库区工程地质结论如下：

(1)水库区两岸为低山丘陵区，没有低于109.0m以下的低矮垭口，并且山体宽厚，库外地面高于水库正常高水位，不存在永久渗漏问题。

(2)水库区部分库岸被坡积物覆盖，坡度较缓且植被良好，自然边坡稳定。基岩库岸裸露部分坡度较陡，岩石较完整坚硬，有少量可能塌滑体，但未见山体稳定问题和不利边坡稳定的大规模组合体。

(3)水库区两岸多为低山，一级阶地和二级阶地继续分布，当库水位在109.0m时，仅在三道沟内的一级阶地上有小范围的浸没区，预计浸没区面积为 0. 12km^2，可采取改为水田或挖排水沟、打井抽水降低地下水水位等措施。

坝基：坝基清除壤土覆盖层后，对人工堆积的尾矿渣卵砾石、砾质粗砂、卵砾石含黏性土层和卵砾石(裸露松动)部分，进行压密处理后可作坝基材料。坝前无天然铺盖，卵砾石为强透水地层，强风化岩石属较强透水层，存在渗漏和渗漏稳定问题，建议挖截水槽进行垂直防渗，截水槽应深入基岩 2m 或弱风化岩内，对断层破碎带的帷幕灌浆深度适当加深并应挖回填混凝土塞。基岸做帷幕灌浆处理。

坝肩：左、右坝肩岩石裂隙发育，存在绕坝渗漏问题。建议在截水槽底打混凝土盖板和做帷幕灌浆处理，并需外延防渗帷幕灌浆，标准同坝基，并与坝基帷幕灌浆连成一体。

1.6 天然建筑材料

1.6.1 土料

本次勘察 A_1、A_2 两个料场，总储量 100. 51 万 m^3，满足设计需要。A_2 料场储量、质量和运输开采条件均优于 A_1 料场，A_2 料场为主料场，A_1 料场为备用料场。A_2 料场储量 74. 11 万 m^3，运距 2. 7km；A_1 料场储量 26. 4 万 m^3，运距 2. 3km。

1.6.2 混凝土粗细骨料、反滤料、过渡料

本次勘察 B_1 ~ B_4 四个料场，总储量 498. 6 万 m^3，满足设计需要。B_1、B_2 料场储量、质量和运输开采条件均优于 B_3、B_4 料场，建议 B_1 和 B_2 料场为主料场，B_3 和 B_4 料场为备用料场。B_2 料场在水库区内，应在被淹没前优先充分开采利用。B_1 料场储量 81. 75 万 m^3，其中细骨料储量 27. 68 万 m^3、粗骨料储量 54. 07 万 m^3，运距为 1. 5km。B_2 料场储量 119 万 m^3，其中细骨料储量 29. 16 万 m^3、粗骨料储量 89. 84 万 m^3，运距为 1km。B_3 料场储量 32. 91 万 m^3，其中细骨料储量 9. 35 万 m^3、粗骨料储量 23. 56 万 m^3，运距为 4km。B_4 料场储量 264. 94 万 m^3，其中细骨料储量 84. 94 万 m^3、粗骨料储量 180 万 m^3，运距为 11km。

1.6.3 坝壳料

本次勘察 C_1 ~ C_3 三个料场，总储量 1 349. 45 万 m^3，满足设计要求。C_1 料场储量、质量和运输开采条件均优于 C_2 和 C_3 料场，C_1 料场为主料场，C_2 和 C_3 料场为备用料场，C_1 料场在库区内，应在坝址淹没前优先充分开采利用。C_1 料场储量 1 160 万 m^3，运距为 5km；C_2 料场储量 96. 15 万 m^3，运距为 7. 5km，C_3 料场储量 93. 3 万 m^3，运距为 1. 5km。

1.6.4 石料

石料场共有三处，即 D_1、D_2 和 D_3。D_1 料场储量 353 万 m^3，运距为 1km，满足设计要求，建议 D_1 为主要料场。D_2、D_3 运输和开采条件不好，且在水库区内，不能作备用料场，只能作应急料场。

1.7 对外交通条件

坝址位于 × × 市上游 30km 处，现有国家铁路干线直达 × × 市北站，并有通往坝址新建公路，对外交通十分便利。

场内交通选用公路运输方式，需修临时道路连接料场、各施工现场、附属企业、生活管

理区,并与外部公路相连。

为连接两岸交通以便施工,在坝下约1km处修一座7m宽施工交通桥,桥长600m,中央主桥长200m,两侧引桥各长200m,引桥采用工程出渣填筑而成。

1.8 施工总体布置

1.8.1 办公、生活区

办公及生活区的布置根据业主的安排,布置在××河左岸溢洪道下游山坡平地处,在施工现场建砖瓦房,作为现场办公及生活用房。建筑面积2 120m²。办公及生活用房情况见表1-5。

表1-5 办公及生活用房情况

序号	项目名称	单位	数量
1	办公室	m^2	200
2	宿舍	m^2	1 000
3	食堂	m^2	150
4	医院	m^2	120
5	浴池	m^2	150
6	其他设施	m^2	500

1.8.2 主要施工辅助设施

1.8.2.1 施工机械、设备停放及修配保养场

施工机械、设备停放及修配保养场,布置在××河左岸坝址下游西南侧,占地面积2 000m^2。

1.8.2.2 钢筋加工场

钢筋加工场布置在大坝左岸,与机修厂在同一范围内,加工场主要承担原材料堆放、调直、切断、弯曲和钢筋焊接,占地面积500m^2。

1.8.2.3 混凝土拌和系统

(1)混凝土拌和系统工艺流程为:从碎石加工厂及砂料筛分厂将筛分合格的成品骨料,由自卸汽车运输至拌和系统堆料场地,然后用装载机将各种规格的砂石骨料运至拌和系统所设置的储料仓,供混凝土拌和使用。

(2)混凝土拌和系统布置在大坝左岸坝址下游西南侧阶地上,占地面积1 000m^2。

1.8.2.4 砂、石料供应

本工程砂、石料均从业主确定的料场购买,用自卸汽车运至混凝土料场,满足施工需要。

1.8.2.5 火工材料及炸药仓库

火工材料及炸药仓库安设在导流洞出口旁边,按业主的要求布设。

1.8.2.6 堆料场与弃料场

在业主指定的堆、弃渣场内堆放,弃渣场在××河右岸坝址下游导流洞出口西侧。

1.8.2.7　油料库

本工程所用的土方机械均为内燃机械，在停车场左侧设一座临时加油站，面积为800m^2，站内设两个20t柴油罐，两台加油机，另专设两台油罐车，为挖掘机、推土机、振动碾等不便行走的机械加油。

1.8.3　临时交通

1.8.3.1　对外交通

对外交通已具备，坝址位于××市上游30km处，现有国家铁路干线直达××市北站，并有新建公路可到达坝址处。

1.8.3.2　场内交通

为连接两岸交通以便施工，在坝下约1km处修一座7m宽施工交通桥，桥长600m，中央主桥长200m，两侧引桥各长200m，引桥采用工程出渣填筑而成。

场内交通选用公路运输方式，修临时道路连接料场、各施工现场、附属企业、生活管理区，并与外部公路相连。修建临时道路7km，路面为泥结碎石，碾压及垫层厚度设计标准为满足最大设备的通行要求。

1.8.4　供电系统

本标的施工用电以网电为主，自发电为辅，网电电源点由业主提供，高压线路距坝址左坝端处约1 200m，经布置在场内的变电站降压后供给场内的各附属工厂和坝上施工区。

1.8.5　供水系统

生活用水采用打井取水，拟在生活区附近打机井一眼。施工用水采用水泵抽取××河水至蓄水池，通过供水管路供水。供水管路主干线均采用ϕ150mm水管，施工现场设ϕ75mm支管到各需水处。穿过临时道路时深埋并用厚壁钢管保护，从主干管分别引支管到生活区及作业点，兼作消防水管用。

1.8.6　通信系统

拟安装电话2部，建立项目部电脑局域网，在各部门及施工现场设立电脑终端，便于现场管理和调度。现场值班工程师及生产调度、工长等通过无线对讲机联络。

1.8.7　施工测量

施工测量是控制本工程施工质量的关键工序，其步骤如下：

(1)建立本标段的施工控制网。监理工程师在发出开工通知前14天，为我方提供测量基准点、基准线、水准点及基本资料和数据。进场后，项目部测量工程师会同业主和监理工程师，按照施工控制网布置图进行复核，校测其基准点(线)的测量精度，并复核其资料和数据的准确性，校核无误后，办理施工控制点交接手续。

(2)加密布置。将校核后的施工控制点引测并加密至施工场区四周。

(3)建立施工现场测量控制方格网，并引测建筑物轴线和各分部工程控制点。现场加密坐标点建立后，在基坑开挖外边线四周建立施工控制方格网，方格网桩位距开挖外边线20m以上，同时引测建筑物轴线和各分部工程控制点，并设置醒目的混凝土保护墩，由专人负责保管。在收到开工通知后28天内将施工控制网资料报送监理工程师审批。

(4)施工工程计量。测量工程师按照合同要求的计量时间及时计量，并报监理工程师复核,以便业主支付工程款。

1.8.8 **施工照明**

现场照明分施工道路照明、作业区照明、弃渣区照明。

(1)作业区照明:在施工区左、右岸设置施工塔架照明组合灯各1台,照明功率拟定10kW。

(2)施工道路及弃渣区照明在便道两侧每25~50m设置一个400W高杆高压钠灯。

(3)施工现场围绕作业区设置,功率拟定10kW。

1.9 现场管理机构

1.9.1 现场组织机构框图

现场组织机构设置如图1-1所示。

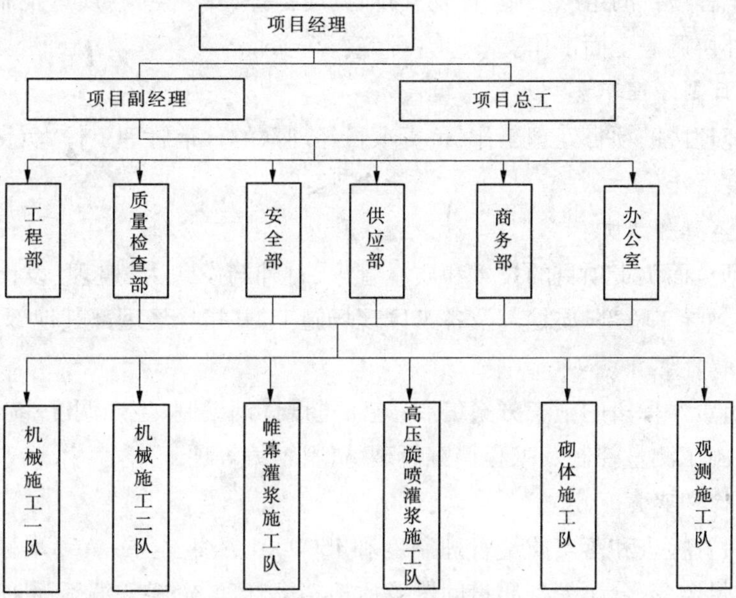

图1-1 现场组织机构设置

1.9.2 现场组织机构设置原则

针对本工程的施工特点,将按照如下原则进行施工组织机构设置:

(1)确保安全生产。

(2)确保优良工程。

(3)确保各阶段工期及总工期。

(4)采用科学方法,加强管理,降低成本。

(5)文明施工,保护环境。

1.9.3 现场组织机构框图说明

为保证本标段工程的顺利实施,成立项目经理部,配备业务能力强、施工经验丰富的管理人员和工程技术人员,按照项目管理施工的原则组织施工。项目经理部设置项目经理1人、副经理1人、总工程师1人,下设工程部(含调度室、测量组、施工技术组、档案管理组)、质量检查部(含实验室)、供应部、安全部、商务部、办公室6个职能部门。全面对项目生产、安全、进度、技术、质量、合同、物质供应及后勤实施管理控制。

1.9.4 项目经理部的主要职责

1.9.4.1 项目经理职责

项目经理贯彻执行国家和工程所在地政府有关工程建设和建筑管理的法律、法规和政策,执行企业的各项管理制度;严格财经制度,加强财务管理;组织制定项目管理机构各类人员的职责权限和项目管理的规章制度;组织编制工程项目施工计划并组织实施,解决施工中出现的问题;执行经济责任书中由项目经理负责履行的各项条款;对工程项目施工进行有效控制,执行有关技术规范和标准,积极推广应用新技术,及时向企业法定代表人及分管领导报告工作情况。

负责本工程项目的组织实施、计划安排、调度指挥、安全生产、质量控制、进度控制、工程创优和内外协调等全面工作。

1.9.4.2 项目副经理职责

项目副经理协助项目经理工作,负责项目经理部的日常管理工作,负责本标段施工现场的生产调度工作。

1.9.4.3 总工程师职责

总工程师全面负责项目的技术和质量管理,对外与发包人、监理、设计等单位技术协调,对内直接领导工程部、质检部及各工区现场施工,并指导经理部其他部门的有关业务。

1.9.4.4 工程部职责

工程部负责本标段的施工方案编制、施工进度计划编制、生产调度、统计报表、施工技术指导工作、施工测量控制及工程档案管理、资料整编等项工作。

1.9.4.5 质检部职责

质检部负责检查和落实质量管理制度和ISO9001质量体系,负责本标段工程的全面质量检查、质量监督、分析处理质量问题及质检档案管理、资料整编等项工作,并负责指导实验室的工作。

1.9.4.6 供应部职责

供应部负责本标段工程使用的施工机械设备、材料、物资的供应和管理工作。

1.9.4.7 安全部职责

安全部负责安全、保卫管理制度检查和落实,负责本标段工程的安全、保卫管理日常工作。

1.9.4.8 商务部职责

商务部负责本标段工程的工程计量、合同管理、经济核算、财务管理、费用控制、资金管理、竣工决算等工作。

1.9.4.9 办公室职责

办公室负责本标段对外协调、行政管理、劳资管理、文明施工等项工作。

1.10　土方开挖

1.10.1　一般开挖

土方开挖采用机械配合人工进行施工。用反铲挖掘机开挖的土石料，直接装自卸汽车运送至监理人指定的弃料场或填筑地点。

(1)在开挖工作面较大时，深度不大的边坡或基坑采用反铲向前进方向挖土，汽车位于反铲的侧向或后面装车，即正向开挖，侧向或后面装土，见图1-2、图1-3。

(2)在开挖工作面较狭小且在基坑较深时，采用反铲向前进方向挖土，汽车停在正铲的后面装车，见图1-3。

(3)在开挖大基坑，工作面高度大于机械挖掘的合理高度，将开挖面按机械合理高度分为多层开挖，当开挖面高度不能成为一次挖掘深度整数倍，则可在挖方的边缘或中部先挖一条浅槽作为第一次挖土运输路线，然后逐次开挖至设计深度，见图1-4及图1-5。

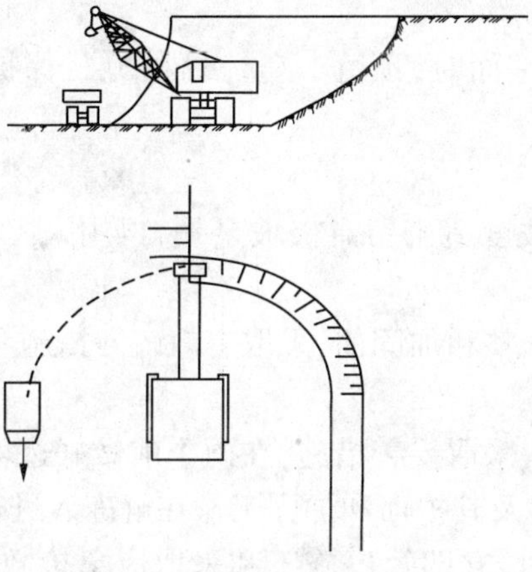

图1-2　正向开挖，侧向装土

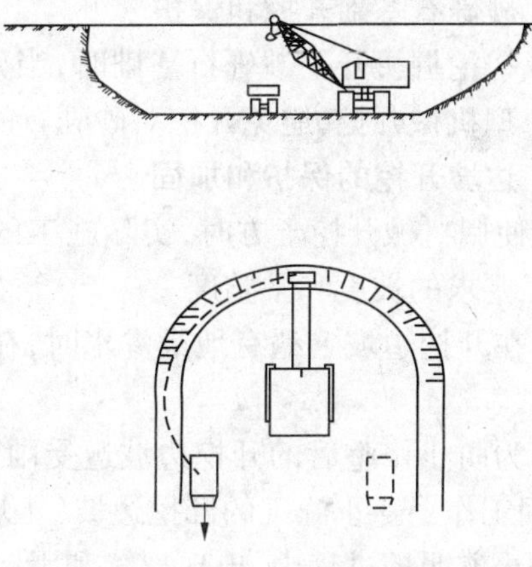

图1-3　正向开挖，后方装土

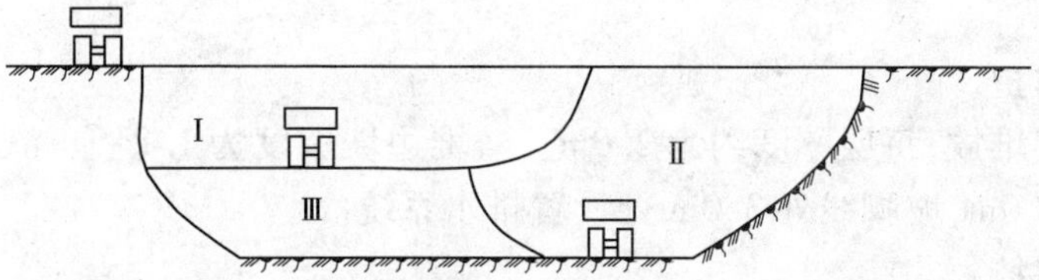

图1-4　分层开挖法(一)

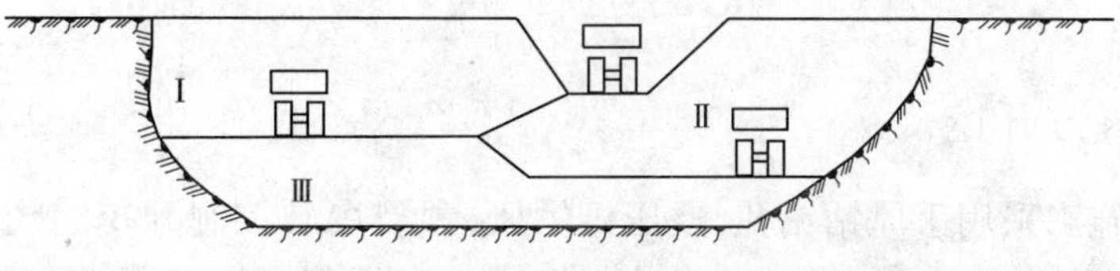

图1-5　分层开挖法(二)

(4)对在开挖施工中发现的异常地质情况，及时修改施工方案和开挖边坡参数。对局部较坚硬的岩石，用机械无法进行开挖时，视现场情况制定松动爆破开挖方案，修改的施工方案报监理人批准后方可实施。

(5)对渗水的基础面采取引流集中排水措施，以确保基础面无积水。在建筑物施工前及时清除受扰动的或受积水侵蚀软化的土壤，并对基础面进行压实处理。

(6)在土方开挖施工过程中，测量人员及时进行开挖尺寸的控制测量，经常校核测量开挖平面位置、水平标高、控制桩号、水准点和边坡坡度等是否符合设计图纸的要求，以确保开挖尺寸在设计要求的允许范围内。同时按规范规定的项目、频率进行抽样检验基础土质的物理力学指标，基础开挖后进行基础开挖测量验收，建基面处理后经联合验收合格方可进行下一工序的施工。

1.10.2 边坡开挖

边坡开挖采用反铲挖掘机自上而下分层分段依次开挖，施工时按规定预留适当的修坡余量，用人工修整至设计要求的坡度和平整度。对局部超挖应进行回填并夯实，施工中做成一定的坡度，以便排水，必要时为防止塌方应对开挖边坡进行安全支护。

1.10.3 砂砾石基础开挖和保护

用反铲挖掘机开挖砂砾石基础时，当开挖建基面时，预留 1.0m 的保护层，保护层的开挖用小型机械开挖，避免开挖对砂砾石的扰动。

1.10.4 边坡开挖的保护和加固

(1)使用机械开挖土方时，实际施工的边坡坡度适当留有修坡余量，再用人工修整，满足施工要求的坡度和平整度。

(2)在开挖边坡上遇有地下渗水时，在边坡修整和加固前，采取有效疏导措施和保护措施。

(3)为防止修整后的开挖边坡遭受雨水冲刷，采取妥善措施，在雨季前做好边坡的护面和加固工作。冬季施工的开挖边坡(土坡)修整及其护面和加固工作在解冻后进行。

(4)土方明挖过程中，出现裂缝和滑动迹象时，立即暂停施工和采取应急抢救措施，并通知监理人。必要时，按监理人的指示设置观测点，及时观测边坡变化情况，并做好记录。

1.10.5 渣场防护

堆渣要分层堆放，每层厚度约为2.0m。渣堆边坡坡度为1∶2.0。渣堆边坡坡脚距道路边线不少于5.0m，坡脚线外3.0m处设置排水系统。

1.10.6 水土保持

按合同规定对施工开挖的边坡及时支护，做好排水措施，避免由于施工造成水土流失。

1.11 基岩石方开挖

石方开挖施工采用手风钻钻孔，空压机供风，预裂爆破控制开挖边线，火花松动爆破技术进行石方开挖施工，控制爆破冲击波与振动力在规范允许范围内。施工按现场地质条件确定孔、排距。控制预裂爆破装药量线装药密度不大于0.15kg/m^3，炮眼间距50cm，用竹杆间隔捆装2号岩石药卷，导爆管串联，火花起爆；松动爆破装药量不大于0.40 kg/m^3。

采用人工配合反铲挖掘机清坡，岩渣采用反铲挖掘机装自卸汽车运输至发包人指定的堆存场存放备用。

1.12 帷幕灌浆

1.12.1 工程概述

本标段基础防渗灌浆工程有帷幕灌浆和高压旋喷灌浆两部分，帷幕灌浆全坝轴线共计钻孔 9 671m，帷幕灌浆 8 766m，帷幕灌浆顶部为 1m 厚混凝土盖板（混凝土方量 8 954m^3），钻孔布置见设计图，并通过试验确定。其钻孔灌浆在相应部位混凝土达到 50% 设计强度后方可进行，无盖重灌浆的部位事前报经监理人批准。

第一期围堰内帷幕灌浆 4 930m，在正式灌浆前选择地质条件相近地段进行灌浆试验（不应在坝轴线试验），选定灌浆施工参数。

1.12.2 帷幕灌浆施工工艺

帷幕灌浆必须采用分序加密的原则进行，本工程采用孔距为 2m，按 3 序施工，逐序加密。

1.12.2.1 帷幕灌浆工艺流程

钻孔放样→钻孔（第一段）→钻孔冲洗（第一段）→灌前压水试验（第一段）→灌浆（第一段）→钻孔、冲洗、灌前压水试验、帷幕灌浆（第二段）→……→钻孔、冲洗、灌前压水试验、帷幕灌浆（终孔段）→全孔封孔。

1.12.2.2 施工方法

1）钻孔放样

所有钻孔统一放样、编号，严格按施工图纸准确放样。

2）钻孔

钻孔孔径 $\phi53 \sim \phi56$mm，采用回转式钻机，金刚石钻头或硬质合金钻头钻进，孔位偏差不大于 10cm，孔深符合要求，终孔孔深偏差不大于 20cm。钻孔时应分段钻进，全孔测斜，其孔底偏差值应符合表 1-6 的规定。

表 1-6 孔底偏差值允许偏差

孔深（m）	20	30	40	50	60
最大允许偏差值（m）	0.25	0.5	0.5	1.15	1.5

为防止孔斜，我们在施工中采取如下防斜、纠斜措施：

（1）钻机安装必须平整稳固，按设计孔向用专用仪器定好立轴的方位、倾角。

（2）钻具的级配要合理，钻进时尽量采用长钻具，在钻具上部增加与岩心管的外径一致的长度为 2m 的扶正钻杆，以增加钻具的稳定性，达到满眼钻进。

（3）岩心管的弯曲度不大于 5‰，钻进施工时，要合理掌握好钻进参数，追求进尺效率不应盲目加大钻压，应根据不同地层采用不同硬度的钻头。

（4）孔口管埋设方位、倾角一定要准确。孔口管埋好后，在启用前一定要复测合格后方可进行下道工序。

3)钻孔冲洗、压水试验

钻孔结束后,对孔壁和裂隙进行冲洗。孔壁冲洗可采用风水联合冲洗,裂隙冲洗根据不同地质条件分别采用压力水冲洗、脉冲冲洗、风水联合冲洗等方法。冲洗水压力为灌浆压力的80%,且不大于1MPa。回水澄清后延续10min结束冲洗,但总的冲洗时间不少于30min。

钻孔冲洗后进行灌前简易压水试验,压水试验压力为灌浆压力的80%,该值若大于1MPa时,采用1MPa。压水20min,每5min测读一次压入流量,取最后的流量值作为计算流量,其成果以透水率q表示:

$$q = Q/p \cdot l$$

式中 q——透水率,Lu;

Q——单位最终稳定读数,L/min;

p——作用于试验段上的全压力,MPa;

l——试验段长,m。

4)示踪试验及观测涌水流量和涌水压力

在孔深20~40m范围内,压水时做示踪试验,具体做法是:向压入孔内的水中加入定量的高锰酸钾溶液;对一序孔和检查孔孔口有涌水的灌浆段,在施工中及时测量其涌水流量和涌水压力,其他孔段视具体涌水情况而定。

对施工中遇到的大量涌水孔段,首先要测定其涌水量和涌水压力,然后视情况用越级变浆或在浆液中掺加一定量的速凝剂,或者用纯压式灌浆或采用屏浆、闭浆等措施处理。

5)制浆

制浆采用集中制浆站制备0.5:1的纯水泥浆。制浆材料用重量称量法称量,称量误差应小于5%。浆液必须搅拌均匀,纯水泥浆液的搅拌时间,使用普通搅拌机时,应不少于3min,使用高速搅拌机时不少于30s。浆液在使用前应过筛,自制备至用完的时间应小于4h。输送浆液的流速为1.4~2.0m/s,各灌浆地点应测定来浆密度,调制使用。

6)灌浆

帷幕灌浆采用循环式自上而下分段灌浆方法,各灌浆段灌浆时下入灌浆管,管口距孔段底不大于50cm,灌浆管使用钻杆,钻杆之间用平接头连接。

灌浆段段长接触段为2m,其余各段为5~6m,特殊情况下可适当缩减或加长,但不得大于10m。

接触段灌浆后应待凝,其余孔段若孔口无涌水,灌浆结束后可不待凝。但在断层、破碎带等地质条件复杂地区则宜待凝,待凝时间视实际情况而定。

灌浆压力遵循自上而下逐渐加大的原则,灌浆压力均指孔口回浆管的压力。压力测试除仪器外,还应在灌浆管或孔口管附近设符合规定要求的压力表,以便相互检测,各灌浆段的最大压力值见表1-7。

表1-7 各灌浆段的最大压力值

灌浆段次	1	2	3段以下	每个孔最后两段
压力(MPa)	0.8	1.0	1.3	1.0

一般的，第一段长2m，第二段长3m，以下段长均为5m，最后一段长不超过7m。

灌浆的浓度应由稀到浓，逐级变换，帷幕灌浆浆液水灰比可采用5:1、3:1、2:1、1:1、0.8:1、0.6:1、0.5:1等七个等级，开灌水灰比可采用5:1。

帷幕灌浆浆液变换标准：

(1)当灌浆压力保持不变，注入率持续减少时，或当注入率保持不变而灌浆压力持续升高时，不得改变水灰比。

(2)当某一比级浆液注入量已达300L以上，或灌浆时间已达1h，而灌浆压力和注入率均无显著改善时，应加浓一级浆液灌注。当注入率大于30L/min时，根据施工具体情况，浆液可越级变浓。

(3)帷幕灌浆结束标准：在设计压力下，当注入率不大于0.4L/min时，继续灌注60min；或不大于1L/min时，继续灌注90min，灌浆即可结束。

7)封孔

全孔灌浆结束后，经验收合格的灌浆孔才能进行封孔。封孔前清除孔内积水和污物，封孔采用分段压力灌浆封孔法。

8)帷幕灌浆质量检查

帷幕灌浆质量检查以分析检查孔压水试验成果为主，结合钻孔、取岩心资料、灌浆记录和测试成果等综合评定。帷幕灌浆检查孔数量按灌浆总孔数的10%控制，且沿灌浆帷幕中心线每隔20m至少应有一个检查孔，只有当根据监理人指示在检查孔周围60m之内灌浆全部完成之后方可钻设该检查孔。

对每一个检查孔应按指示回收岩心，并在灌浆完成后的14天后自上而下逐段进行压水试验。试验压力为1.5倍的库水作用在帷幕上的设计静态水头。检查孔压水试验结束后应按基础灌浆的程序进行灌浆和封孔。

帷幕灌浆的合格标准主要以压水试验的透水率为依据，透水率不大于5Lu。所有检查孔在混凝土与基岩接触段及其下两段应全部满足规定的透水率要求，其他各孔段合格率应在90%以上，不合格孔段的透水率值不超过规定值的1倍且不集中，灌浆质量可认为合格，否则应根据监理人指示进行处理。

(1)灌浆工程的原始记录、资料的整理。原始资料包括钻孔、测斜、灌浆、压水、抬动观测等现场记录，施工原始记录表格样式各段应统一。

所有记录均按监理人要求的方法和规格进行，要求真实、清晰、规范、有序。

根据监理人的要求及时进行成果资料整理。

每个灌浆面所有工作完成以后，按要求向监理人提供完整的竣工成果资料和单元工程质量评定资料。

(2)劳动力计划。根据工程任务要求和以前灌浆工程中的实际生产工效，高峰期计划投入管理人员10人，生产人员57人及辅助生产人员12人，共计79人。用于灌浆的主要施工机械设备见表1-8。

1.12.3 高压旋喷灌浆

为防止左岸坝0-078~0+011.6溢洪堰左侧山体渗漏，采取高喷灌浆处理。该工程项目与其他项目施工无干扰，且量不大，适时安排施工。为保证高压旋喷灌浆质量选用三重管法同轴旋喷。

表 1-8　用于灌浆的主要施工机械设备

序号	名称	型号或规格	单位	数量	产地	自有或租赁	额定功率（kW）
1	地质钻机	XY－2	台	3	泰安	自有	22
2	灌浆泵	SGB6－10	台	3	杭州	自有	18.5
3	送浆泵	BW250/50	台	3	重庆	自有	12
4	高速搅拌机	ZJ－400A	台	2	杭州	自有	7.5
5	搅拌机	JJS－10	台	1	杭州	自有	4.0
6	低速搅拌机	$1.2m^3$	台	3	自制	自有	4.0
7	轻便测斜仪	KXP－1	台	1	上海	自有	
8	灌浆自动记录仪	GMS2001	台	3	天津	自有	
9	空压机	L206/5	台	2	上海	自有	14

1.12.3.1　高喷灌浆施工工艺流程

高喷灌浆施工工艺流程见图 1-6。

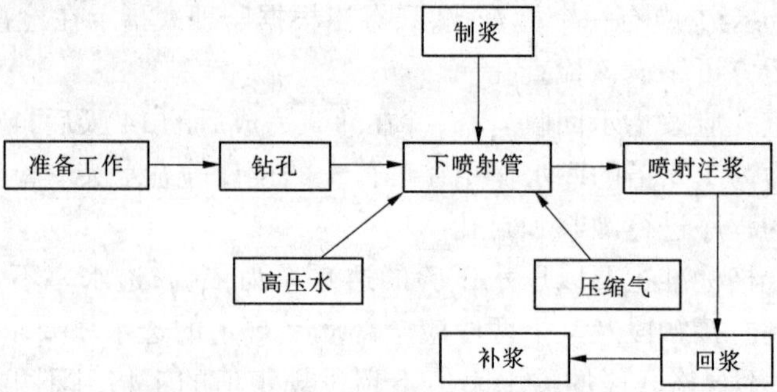

图 1-6　高喷灌浆施工工艺流程

高压喷射注浆为三重管法，同轴喷射，其施工参数为：孔距 1.5m，钻孔直径 130mm，喷射管直径 108mm，高压水压力 40MPa 左右，压缩机风压 0.7MPa，浆液压力 0.7MPa，浆液密度大于等于 $1.5g/cm^3$，拉升速度为 6～16cm/min。

施工前应试喷后确定施工参数。

高压旋喷注浆用水泥的强度不低于 42.5MPa。

1.12.3.2　高喷注射灌浆施工

1）准备工作

准备工作主要包括施工场地布置、机械设备安装与试运转、材料供应以及孔位放样。

2）钻孔

钻孔按两序孔进行，孔径 ϕ130mm。钻机安装稳定、调平。孔位偏差小于 5cm。采用泥浆护壁钻进。钻进中合理使用防斜纠偏措施，保证成孔偏斜率不大于 1.5%。钻孔完毕,未注浆前,孔口用砂袋封堵,防止杂物掉入孔内。

3)下喷射管

高喷台车准确移至孔位处,并调水平,以喷射管能自由插入孔内为准。喷射管插孔前应进行孔口试喷,水、气的压力、流量应满足设计要求,浆路应畅通。将喷射管插入孔内到设计高程。

4)注浆

高压旋喷注浆分两序孔进行。开喷后,待水、气、浆的压力达到规定值,且孔口返浆的比重大于1.3时,即可提升喷射。喷射过程中如遇故障和拆卸喷射管,中途停喷不超过20min,续喷时搭接长度小于10cm;若超过20min,续喷时必须将喷射管插入已成墙体内30cm,保证结合。喷射过程中,各施工参数一定要符合要求,出现压力升高或降低,排量增大或减小,以及孔口返浆量过大或无返浆,应立即寻找原因,及时采取相应措施,使其恢复正常。对异常状态造成的质量不合格要及时补救,并将异常事故详细记录上报。

5)补浆

单孔喷射注浆到规定的高程后,停止提升喷射管,静喷3min,然后停送水、气,送入纯水泥浆液进行孔口补浆,多次反复,直至浆面不再下沉为止。

6)质量检查

质量检查在高压旋喷注浆施工结束28d后进行,检查的部位及检查的方法由设计视现场施工情况确定。

7)施工机械设备计划

高喷灌浆工程量为2 305m,计划1个月完成,有效工日25天,施工强度为92.2m/d,所需施工机械设备见表1-9。

表1-9　拟投入本合同工作的主要施工机械设备

设备名称	型号规格	功率(kW)	数量	产地
地质钻机	XJ100	7	1	衡阳
地质钻机	SGZ-3	18	1	衡阳
灌浆泵	2SNS	22	2	中南
泥浆泵	BW250/50	18	1	衡阳
泥浆泵	HB80/10	11	2	山东
灌浆自动记录仪			1	
井斜仪	JJZ-3A		1	武汉
泥浆搅拌机		4	2	自制
高喷台车	SGP-3	5	1	山东泰安
高压清水泵	$3D_2-3$	75	1	天津
空压机	QVY-9/7	88	1	杭州
砂轮切割机		2	2	郑州
电焊机			2	上海

1.13 土石方填筑

本项目主要包括坝区黏土心墙填筑、心墙上下游反滤层填筑、坝壳砂砾料及渣石填筑以及其他填筑项目。工作内容包括土石料物平衡,各种料的生产性试验,各种料的填筑、碾压处理,排水设施等。

心墙坝体施工时,优先施工一期导流围堰左岸部分坝体,并分别于2005年10月30日、2006年10月30日前完成一期坝体(桩号0+000~0+600)填筑高程89.5m、118.6m高度,二期导流围堰右岸部分坝体根据总进度安排及时跟进,黏土心墙施工同上下游反滤层及部分坝壳平起,按顺序填筑各种坝料。回填前,将填筑区基础开挖验收后实测的平、剖面地形测量资料报送监理人,经监理人签认的地形测量资料作为填筑工程量计量的原始依据。

1.13.1 坝区黏土心墙施工

1.13.1.1 料场开采规划与复垦

1)土料场复查

根据本工程所需土料的使用要求,在设计资料的基础上对招标文件指定的土料场进行施工前的复查。查清楚遗留问题和新发现问题,对土料的开采范围和数量及装运条件、土料场开采区表土开挖厚度及有效开采厚度进行复查。

土料场复查应遵循《水利水电工程天然建筑材料勘测规程》执行。

在保证土料质量、满足储量的条件下,针对原勘探成果中遗留的问题,进行网点布置。其主要工作范围应投入可开采的土料区段,以便进一步查明论证,同时还要顾及可以利用的土料区段。

根据料场的工程地质和水文地质特点,利用地形、地貌等特征,以最少的勘探网,控制较大的勘探范围。

采用相应的方法对土料场进行勘探,检查土层名称、颜色、结构、颗粒成分、湿度、可塑性、结核及含量等,并进行储量计算,检查其开采量是否与原设计相符,待料场复查后提出料场相应的技术报告、计算书、图表等,报监理工程师审批。

2)土料场规划

根据招标文件,本工程供拦河主坝使用的土料场共有两处,依据使用顺序分别为A_1料场、A_2料场。

根据招标文件和料场复查中获得的料场地形、地质、水文气象、交通道路、开采条件和料场特性等各项资料,以及监理人批准的施工措施计划,对本工程所需的土料进行统一规划。依据土坝月填筑强度、年填筑强度,进行土料场开采工作面的划分,以及开采区的供电系统、排水系统、复垦土堆料均匀、运输线路等布置设计,并做出详细的分期用地计划和耕地复垦计划。

3)土料开采

(1)开采前的准备工作:

①根据料场使用规划,提出分期分批用地计划,划定料场的分界线并埋设界标。

②清理覆层及复垦土的剥离。首先清除开采区树根、乱石及妨碍施工的一切障碍物,

采用推土机进行复垦土剥离，然后装载机堆积。剥离厚度设专人负责，严格控制在50cm以上。

③设置排水系统。对于土料场，在周围布置截水沟阻挡场外水流进入开采区，并根据地形取土面积及施工期降雨强度，在料场内布置表面排水系统。土料场场地要保持良好的排水状态，底面按掘进方向形成1/200排水坡，降雨后经路基埋管流入排水沟，保证施工作业面不淤积雨水，雨后立即恢复施工以保证开采土料的质量和采料工作的顺利进行。

④修建施工线路。根据料场使用要求，制定线路分期修建的进度计划，先修建干线，然后再分期延伸干线，分期修建支线及场内临时线路，场内临时线路为循环线路。

(2)土料开采方法。根据招标文件，料场土料含水量接近施工控制含水量，并对几种开采方法进行经济和质量分析，决定选用立面开采方式，采用台阶式或分条带开采。

①台阶开采方法。对于土料厚度大、储量多的料场，采用分台阶取料，从上向下依次分多个台阶，台阶高差为3.5m，每个台阶成一个工作面。根据土料的开采强度，每个台阶布置1~2台反铲，每相临两个台阶同时作业。每个料场在开采初期，预先开挖一定面积的临界地以形成一定规模的腐殖土和弃料堆放地。在开采过程中，腐殖土从上向下逐步剥离，当运距较远，数量较大时用自卸汽车倒运，如遇到不合格土料，全部清除，并堆放在堆料场，待复垦时回填到低洼地段。

开采时将严格按设计高程取土，开采最低点不低于临界地形最低点，确保排水畅通，取土范围边界线坡度为1:2.0~1:3.0，防止危及取土范围外的房屋或其他建筑。

②条带开采方法。条带开采方法主要用于土料厚度在7m以下，面积较大的部位。在开采范围内，按开采条带宽度钉木桩，洒白灰。第一开挖条带宽为60m，堆存腐殖土在第二条带，宽度为40m，将第一开采条带的腐殖土用推土机推至第二条带堆存。土料开采方式为按条带进占式掘进开采，在确定开挖基础高程后，由低部向高部位掘进开采，底面纵坡为1/200。使用反铲挖掘机装料，自卸汽车运输，每台反铲控制宽度为15~20m，三台挖掘机形成“品”字形挖装作业，用反铲装自卸汽车。当开挖深度超过3.5m时，进入超深工作面之后，可进行第二层或第三层开采，开采方式与第一层开采基本相同，随着开挖深度增加，第二层、第三层开采宽度相应减少，料场范围周边开挖边坡为1:2。

根据拦河坝填筑强度的需要，可随时增设开挖条带。

4)土料含水量调整措施

土料在开采过程中，因土层的颗粒含量变化、天气气温变化、开挖深度的变化，含水量也随之变化，为确保黏土心墙筑坝质量，必须对土料含水量进行调整控制。当土料含水量超过控制含水量的2%~3%时，要对土料进行翻晒，或通过土料挖、装、运、卸工序自然降低土料含水量。对天然含水量较大的土料要在料场的周边开挖截水沟，降低地下渗透水，减少土料含水量，或在待开采的土料场表面覆盖防雨布，防止雨水渗入开采区，雨后迅速拆移。当土料含水量较小时，在摊铺后碾压前的工作面洒水喷淋，用五铧犁翻动，使水量掺和均匀，满足施工控制含水量。

5)土料的开采与复垦质量控制

(1)土料场质量控制主要是检查土料性质及含水量,为确保上坝土料的质量,在土料场设一组专职质检员对土料的开采进行全过程质量监视,并进行不定期的试验取样检验,严禁不合格土料上坝。

(2)料场复垦土剥离与复垦施工。在料场复垦工作领导小组指挥领导下进行,设专人负责协调施工,请地方政府主管接收的领导监督指导。群众代表监督检查,确保复垦填土厚度地表面平整度要求。

1.13.1.2 现场碾压试验

依照招标及合同文件和施工技术规范,在监理人指定的位置进行现场碾压试验。试验场地面积30m×50m。

碾压试验按土料含水量和工艺参数分区进行。采用与坝体填筑相仿的条件进行施工,反铲挖掘机装黏土,自卸汽车运输上坝,后退进占卸料,推土机推运平仓,振动碾以1.5~2.0km/h工作速度沿轴线方向进退错距振动振压至设计遍数。本试验每料场的土料各进行一次。

通过试验优选如下参数:

(1)铺筑方式:程序、铺料厚度。

(2)施工机具性能:振动频率、振幅。

(3)压实机具工作参数:工作速度、碾压遍数和相应的土料压实度与含水量关系。

(4)异料结合部位及压实层内部的密度分布、不良现象等。

(5)室内试验:颗分、密度、击实最大干容重、最优含水量、抗剪、抗渗、固结等试验。

(6)料场土料质量评估,土料含水量调增、调减方法,土料开采装、运效果评估。

通过现场碾压试验优选填筑施工方式、程序和铺筑厚度与压实度、土料含水量的控制指标及各料场土料质量评估,编制碾压试验报告,制定土坝填筑施工技术措施,报请监理人审查批准后用于指导施工生产并严格执行。

1.13.1.3 坝体填筑施工

1)上坝路施工

坝体填筑施工中,每单元设上坝路与运输临时干线路相连,上坝路随坝体的升高而加高,上坝路坡度不陡于10%。跨越排水体时,排水体用草垫子覆盖后再填土修筑上坝路,以保证排水体不被污染。

2)坝体填筑施工

将土料场检测合格的土料,用反铲挖装,自卸汽车运输上坝,后退法卸料,推土机推运平仓,凸块碾碾压至规定遍数。铺土厚度、碾压遍数等以碾压试验取得的最优参数为准。

主坝填筑施工工艺流程见图1-7。

3)结合部施工

(1)控制施工接坡横向坡不陡于1:3,经监理人批准的纵向接坡不陡于1:4,同一层间结合处预留不小于1:3斜坡,作为搭接段压实面与保证坝体填筑土层之间结合良好,铺料前必须将压实结合面洒水润湿后进行土料铺筑。结合部碾压时比正常要多压2~3遍。

(2)心墙坝体与上下游反滤体结合部设专人负责施工质量,推土机平料时,应注意与

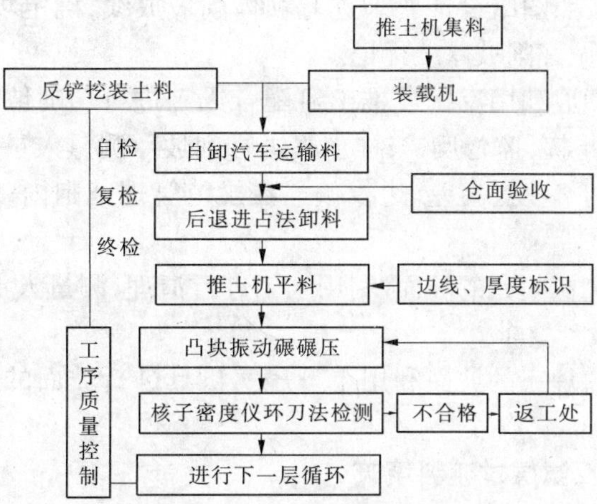

图 1-7　主坝填筑施工工艺流程

反滤体坡面保留 20 ~ 30cm 的距离,由人工进行填筑,振动碾压实不到的结合部,采用人工夯以连环套法夯实。

(3)坝体与混凝土、岸坡岩石结合部,在坝体填筑前,人工向混凝土或岩石面涂抹一层不小于 5mm 厚的浓黏土浆,黏土浆的配比为水∶黏土 = 1∶(3 ~ 3.5)。利用气胎碾,满载的运料汽车或载机轮胎顺岸边进行压实。与土岸坡结合时,土岸坡削成不小于 30cm 的台阶。确保异料(物)的结合质量,以防渗透。

(4)施工中严格控制土料的碾前含水量、铺料厚度、表面平整度,振动碾的工作速度、碾压遍数和压实干密度在管理范围内。对不符合要求的压实体,如弹簧土、剪切破坏及光面等及时进行返工处理至合格。

4)土料含水量的控制

施工中严格控制料场土料的含水量,不合格土料不得装车。对高含水量土料,在料场采取五铧犁或推土机尾钩翻松,自然晾晒降低含水量;对低含水量土料,在料场采取汽车喷淋水,机械翻拌均匀。大风、高温期施工,坝面用汽车喷淋水保持上坝土料及结合层面的含水量在管理界限内。

5)雨季施工和负温下施工

(1)雨季施工时,压实预留倾向上游的排水坡,挖至坡度为 1.0% ~ 1.5%。坝体填筑时,控制好摊铺面、碾压面,填筑中突遇降雨,立即停止铺料,抓紧碾压,做好作业面处理。降雨期间工作面做好保护,严禁机械、人畜在作业面上行走,及时排除坝面积水。一旦遇连续降雨,雨后自然晾晒,当土体达到施工控制含水量时,要用凸块碾补压,对于个别高含水量的土料清理出填筑面,验收合格后方可进行填筑施工。

(2)负温条件下施工应严格按照规范要求进行,不得将含有雪块、冰块和超尺冻块的土料装车运上坝。土坝在越冬停工前,认真将坝面填平压实,以利排除雨、雪等降水。春季复工时,认真清理越冬坝面,并进行抽样检验,经联合检测验收合格后方可恢复施工。

6)坝体削坡

为便于保证坝体上、下游坡面坡比,故坝体逐层上升到一定高度后进行坝体削坡。

(1)施工放线。按照图纸设计要求进行坝体削坡放线,确定坝脚、坝顶边线位置,预留10cm厚保护层,并做好削坡厚度标记。

(2)机械削坡。坝坡利用反铲或推土机配合人工进行。削坡时,现场施工人员必须严格按放线削坡标高指挥,监督反铲,推土机进行削坡。测量人员现场架设水准仪,经纬仪跟踪控制削坡面的平整度、高差、边线偏移在规范管理范围内,随时发现问题,随时纠正,杜绝超削事故发生。

(3)人工清理。机械削完的坡面,利用人工进行清理,测量人员利用测量仪器进行复核控制,清理至图纸设计要求。

(4)坡面压实。清理完的坡面利用小型压实机具进行坡面的压实,压实指标在管理界限内。

1.13.2 心墙上下游反滤层过渡料填筑

本工程项目主要指心墙上下游的反滤层过渡料填筑,其中上游侧过渡层2m厚,下游侧过渡层2.5m厚,反滤料在业主制定的 B_1、B_2 料场选取,选用挖掘机或装载机装料,自卸汽车运输,振动碾碾压。

1.13.2.1 反滤料加工

反滤料由料场天然砂砾料筛选而得,经加工的反滤料的颗粒级配,应符合施工图纸的要求,超逊径颗粒含量不大于3%,逊径颗粒含量不大于5%,针片颗粒含量不大于10%,加工好的反滤层中小于0.1mm的颗粒含量小于5%,加工好的反滤料,分类堆放,不混杂,应防止分离。

1.13.2.2 反滤层过渡料填筑

(1)反滤层的位置、尺寸、材料级配、粒径范围应符合施工图纸的规定。

(2)反滤层的填筑与心墙的填筑面平起。

(3)反滤层与基础和岸边的接触处填料时,不允许因颗粒分离而造成粗料集中和架空现象。

(4)反滤层与相邻层次之间的材料界限应分明,分段铺筑时,必须做好接缝处各层之间的连接,防止产生层间错动或折断现象,在斜缝上的横向接缝应收于缓于1:2的斜坡。

(5)反滤层与心墙连接时,可采用锯齿状填筑,但必须保证心墙的设计厚度不受侵占,反滤层与坝壳连接时,亦可采用锯齿状填筑,但必须保证反滤层的设计厚度不受侵占。

(6)反滤层的填筑施工参数规定如下:铺筑厚度30~40cm;振动平碾重13~20t;碾压遍数5~7遍;经压实后的反滤层,相对紧密度不小于设计值。

(7)为了增强压实效果,反滤层碾压前要加水湿润,加水量由试验确定。

(8)反滤层与心墙或坝壳交界处的压实采用振动平碾进行,碾子的行驶方向平行于界面,防止心墙土被带至反滤层而发生污染。

1.13.3 坝体(或坝壳)砂砾石料和堆石料填筑

本工程项目主要包括砂砾石和石渣坝体填筑两项内容,施工方法类同,以下以砂砾石为主叙述如下。

砂砾石坝体填筑主要内容包括现场生产性碾压试验,填筑料开采、加工和运输,砂砾石料填筑、碾压和接缝处理等。

1.13.3.1 取料场布置

本次勘察 C_1 ~ C_3 三个料场，总储量 1 349.45 万 m^3，满足设计要求。C_1 料场储量、质量和运输开采条件均优于 C_2 和 C_3 料场，C_1 料场为主料场，C_2 和 C_3 料场为备用料场，C_1 料场在库区内，应在被淹没前优先充分开采利用。C_1 料场储量 1 160 万 m^3，运距为 5km，C_2 料场储量 96.15 万 m^3，运距为 7.5km，C_3 料场储量 93.3 万 m^3，运距为 1.5km。

1.13.3.2 现场碾压试验

砂砾石填筑工程开工前，根据监理人的指示，在选定的料场开采区开挖材料，进行与实际施工条件相仿的现场生产性试验。砂砾石料碾压试验应进行不同填筑区域铺料方式（包括掺水泥）、铺料厚度、振动碾的类型及重量、碾压遍数、铺料过程中的加水量、水泥掺量、压实层的孔隙率和干容重、相对紧密度等的试验，并根据试验获得的成果确定填筑施工参数，试验成果报告报送监理人审批。

1）碾压试验设计

本项试验材料主要包括砂砾石料（包括掺水泥）、反滤料、过渡料等。

依照招标及合同文件和施工技术规范，在监理人指定的位置进行现场碾压试验。试验场地面积 30m×50m。碾压试验按监理人批准的碾压试验计划进行。

2）碾压试验方法

砂砾石料填筑碾压试验采用与填筑相同的条件进行施工，采用挖掘机挖装砂石料，自卸汽车运输，后退方式卸料，推土机推运平仓，YZ－14 振动碾以 2.0km/h 工作速度沿轴线方向进退错距振动碾压至设计遍数。

3）碾压试验参数

通过试验优选如下参数：

（1）砂砾石料开采与级配调整方法，细料的掺配比例。

（2）铺筑方式：程序、铺料厚度。

（3）施工机具性能：振动频率、振幅。

（4）压实机具工作参数：工作速度、错距搭接宽度、碾压遍数和相应的砂石料压实相对紧密度、干容重与含水量和碾前洒水量的关系。

（5）接坡处理方法等。

（6）室内试验：颗分、密度、击实最大最小干容重、砂砾料含水量、碾前洒水量，$d <$ 5mm 颗粒含量与压实干容重关系等试验。

（7）料场土料质量评估，砂砾石料级配调整方法，砂石料装、运、卸的效果评估。

通过现场碾压试验优选填筑施工工艺；铺筑厚度与压实度、砂石料含水量和洒水量控制指标及料场砂石料质量评估；编制碾压试验报告；制定砂砾石料、反滤料、过渡料的填筑施工技术措施，报请监理人审查批准后用于指导施工生产并严格执行。

1.13.3.3 填筑料的开采

砂砾石根据监理人批准的料场开采范围、开采方式和深度进行开采。

1）开采及运输设备

采用挖掘机或装载机装车，自卸汽车运输。

2)准备工作

根据施工总进度计划的要求和选定的砂砾石料场开采区，严格遵照砂砾石填筑料物的开采和填筑的平衡计划，确保砂砾石填筑工程供料的可靠性。

准备工作要求：

(1)结合现场生产性试验成果，选定砂砾石料场的开采区，并对开采区划定界线，埋设明显的界标。

(2)完成场地清理工作，砂砾石料中不允许夹杂黏土、草、木等杂物。

(3)开挖料场周围的截、排水沟，设置必要的排水设施。

(4)在汛前做好砂石料场的防汛准备和措施，确保度汛安全。

3)填筑料的制备和加工

开采砂砾石料时，在料场严格控制回填砂砾石料的颗粒级配。最大粒径不大于400mm，不小于5mm颗粒含量为10%～35%，不大于0.1mm颗粒含量小于8%。

掺水泥的回填砂砾石料，颗粒级配应满足施工图纸的规定，最大粒径不大于200mm，不大于0.1mm的颗粒含量小于8%。

4)填筑料运输

(1)运输设备的配备：砂砾石料、反滤料和碎石垫层料采用自卸汽车运输。

(2)运输措施：

①运输车辆应相对固定，并经常保持车厢、轮胎的清洁，防止残留在车厢和轮胎上的泥土带入清洁的反滤料、碎石垫层和砂砾石料的料源及填筑区。

②砂砾石料运输应与装料、填筑区卸料、铺料等工序持续和连贯进行，以免周转过多而导致含水量的过大变化。

③反滤料运输及卸料过程中，采取措施防止颗粒分离。运输过程中反滤料要保持湿润，卸料高度加以限制，不允许从高坡向下卸料。

④不合格的反滤料、碎石垫层料和砂砾石料，一律不得使用。

1.13.3.4 填筑料的填筑

建筑物填筑部位的基础处理工作全部完成并经监理人的验收合格后方可开始填筑料的填筑施工；对于紧靠混凝土工程的填筑区域，当混凝土强度达到设计强度的70%以上时，才可以开始填筑施工；填筑区域的观测设备埋设完毕并经过监理人的验收合格后方可开始填筑施工。

1)砂砾石料填筑

(1)填筑前的准备工作：

①按照监理人的指示完成砂砾石料填筑部位的基础清理和排水工作。

②按照设计要求回填在建筑物基础最终开挖线以下的所有勘探坑槽，确保回填的密实性。

(2)填筑施工方法：

①砂砾石填筑施工工艺流程见图1-8。

②砂砾石料摊铺、碾压施工。摊铺前先放样出每层铺料厚度高程，并做好醒目标记，以防止破坏。施工时连续作业，将填筑区分成备用合格面、振动碾压区、洒水区、铺料整平

区，其示意图见图1-9。

第一批砂砾石料铺筑前，表面过干时要洒水湿润，光面要刨毛处理，低洼处如有雨水积存应立即排出。另在砂壤土、沙层表面和黄土表面先铺一层最大粒径不超过150mm的过渡层料，层厚0.5m，按照现场生产性试验取得的参数，用光面振动碾碾压，局部振动碾行走不到的地方采用蛙式打夯机配合夯实。

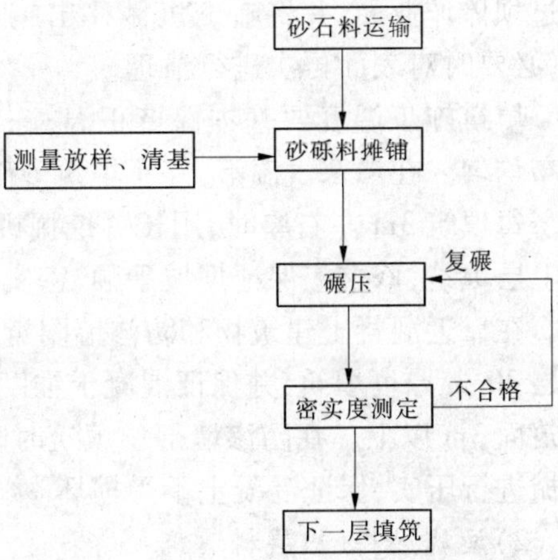

图1-8　砂砾石填筑施工工艺流程

填筑分段分层进行，平行交叉作业，填筑分层高度0.6m。若砂砾石料含水量较大，需晾晒处理时，可采用跳段施工，铺填一段同时对隔段进行铺填，待第一段含水量合适时即进行推平碾压，以此类推，分层填筑。压实砂石料的振动平碾行驶方向平行于坝轴线方向碾压，不得横向碾压或绕圈碾压，轮迹搭压轮宽的1/3，车速宜控制在3～6km/h。碾压时应边碾压、边洒水。对碾压不到的部位采用小型振动碾或机械振动夯夯实，夯实采用连环套打法，夯迹双向套压，行压行1/3。岸坡处及坡度过陡而振动碾碾压不到的部位，应适当修整地形使振动碾到位，局部可用振动夯夯实。

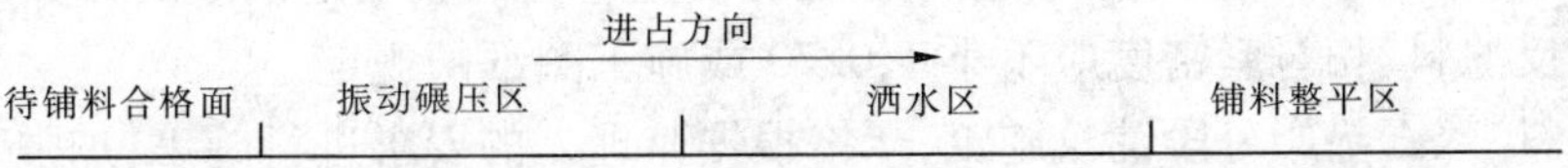

图1-9　砂砾石填筑分块图

在相邻施工段分期分段每层预留2～2.5m宽的平台，采用台阶法进行施工。施工时，每层预留平台。碾压自检合格后报监理验收，验收通过后才能进行下道工序施工。砂砾石填筑台阶法施工示意图见图1-10。

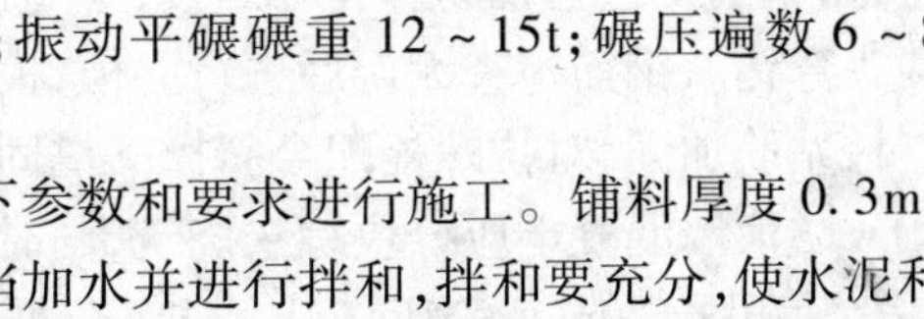

图1-10　砂砾石填筑台阶法施工示意图

(3)施工工艺要求：

①砂砾石料的填筑。铺料厚度0.3～0.6m；振动平碾碾重12～15t；碾压遍数6～8遍。

②掺水泥砂砾石料填筑的碾压试验参照以下参数和要求进行施工。铺料厚度0.3m；铺料顺序先铺砂砾石料，再在其上摊铺水泥，适当加水并进行拌和，拌和要充分，使水泥和砂砾石混合均匀；振动平碾碾重12～15t；碾压遍数6～8遍；水泥掺量3%～6%(重量比)。

(4)填筑施工注意事项。填筑面应保持良好的排水状态，坝体工作面上下游两侧应稍低，保证工作面不积水和不受雨水冲刷破坏。

雨雪前应及时压实工作面，当降雨、雪较大时应立即停止填筑施工，严禁车辆和行人通过坝体作业面,并将施工机械移出施工现场;雨后恢复施工前,填筑面应晾晒,复压处理,必要时对表面再次进行清理。

填筑施工温度要基本保持正温,冻沙含量不得超过10%;冻块粒径不超过10cm,且分布均匀。在严寒气温下,停止填筑砂砾石坝体。

每填筑3m左右厚时,用长臂挖掘机配合人工对边坡进行修整,修整时的超宽部分用于上层填筑,修整应保证坝坡平顺、密实。

在靠近混凝土建筑物和防渗墙附近的填筑材料,应选用级配较好的砂砾石料填筑,以每层30cm厚度填筑,并保证混凝土强度达到设计强度的70%以上,且混凝土高程面高出填筑面3m以上。在防渗墙部位填筑时防渗墙两边的高差不大于0.5m,且采用小型压实机械进行压实,保证混凝土不受损坏。

2)反滤层料、垫层料填筑

(1)施工准备。反滤料、碎石垫层填筑前应剔除砂砾石表面上粒径大于15cm的离散乱石;不允许因颗粒分离而造成粗料集中和架空的现象。

(2)反滤料、垫层料填筑。填筑应根据现场生产性试验确定的最终参数进行施工,经压实后的反滤料,相对紧密度应不小于0.70或施工图纸的规定。

反滤料、碎石垫层分段铺筑施工,严格根据监理人的要求进行施工,加强现场监督,不允许出现漏压现象,必须做好接缝处各层之间的连接,防止产生层间错动或折断现象。

碎石垫层填筑时,应适量洒水,采用机械碾压,垫层及以下0.5m范围内砂砾石层碾压后相对紧密度不小于0.75。

反滤料的碾压试验可参照以下参数和要求进行:①铺料厚度:0.2m;②适量加水。

1.14 混凝土工程

混凝土工程项目主要包括土坝防浪墙混凝土、坝顶混凝土路面等。混凝土料采用拌和站拌料,搅拌运输车或汽车运输到仓面,人工送料入仓,机械振捣。

1.14.1 防浪墙施工

坝体填筑完毕验收合格后即可进行防浪墙施工。先进行防浪墙基础开挖施工,用挖掘机配合人工开挖,人工对基底夯实处理。验收后打垫底,采用10cm厚C10混凝土垫层找平。钢筋由钢筋加工场提前加工,汽车运至施工现场。在垫层上打出墨线,标出钢筋位置,由钢筋工进行现场绑扎和焊接,主筋按要求弯起、焊接,分布筋按设计要求分块布置,两头弯钩。钢筋检查无误后进行立模,模板采用拼装钢模板,便于安拆和循环周转,采用立柱站筋加固,对拉螺栓配合斜撑支撑固定。

防浪墙混凝土应分块跳仓浇筑,同时准备6套模板,两个工作面同时浇筑,每天浇筑3段,每段长20m,浇筑后24h可拆模、循环。分块缝用泡沫板隔开,填缝时用铁丝勾出。混凝土由混凝土运输车从拌和站运至工地现场,人工送料入仓,插入式和附着式振捣器振捣密实。混凝土拆模后及时对其表面凿毛处理,用设计配比的砂浆对表面进行抹面施工。抹面要由有丰富经验的瓦工进行抹面,抹面要均匀、平整,用尺杆刮过后用木抹子认真揉搓出浆,再用铁抹子压面收光,特别注意棱角部位应分明直顺。抹面结束后及时覆盖草苫洒水养护,养护期不少于14d。防浪墙施工结束后,对挖开的坝顶路面应按要求分层回填、夯实。所有杂物、碎渣等应清除出去，保证坝顶清洁，以便下步混凝土路面的施工。

1.14.2 坝顶混凝土路面

待坝顶混凝土防浪墙施工完成，且混凝土达到一定强度后，先安装坝顶一侧路缘石（路缘石可兼做模板支撑用），然后再施工混凝土路面。

建基面的平整度、路拱、密实度要符合施工图纸的要求。

路面混凝土由混凝土搅拌车运输至浇筑地点，局部人工用手推车与铁锹集料，先采用$\phi 50$软轴振捣器振捣，再用平振捣器振捣密实并找平。混凝土终凝前，要分3次抹面。第一次抹面是紧跟平面振捣器，去高补低，揉压出灰浆，均匀分布在混凝土表面上。第二次抹面是在第一次抹面20～30min之后，要压浆，使混凝土表面均匀一致。视气温而定，一般再过2～3h，以混凝土表面出现泌水为止，进行第三次抹面，要求细致，不能有砂眼，压光使混凝土表面符合图纸要求的平整度。抹面时不能加干水泥，也不能另加水泥浆找平，更不能洒水。抹面时如遇风吹、日晒，易使混凝土表面干缩发生裂纹，要及时用矮塑料布棚覆盖。抹面时揭开或移动塑料布棚，等抹面结束后再覆盖。

混凝土达到终凝后，采用压纹机进行压纹，纹理深为0.6～0.8mm。并及时养生，用草袋子覆盖于混凝土表面，并均匀洒水，在养生期内始终保持潮湿。

当路面混凝土达到设计强度的25%时，进行拆模，要避免用力过猛给混凝土面板或模板造成损伤。混凝土达到设计强度的25%～30%时，采用切缝机切割伸缩缝。

养生期满后，要进行填缝，采用灌入式方法施工，填缝前将缝内砂石、尘土及其他杂物用铁制手钩（或吹风器）清理干净。缝底必须干燥，填缝前1h在缝内先均匀涂抹沥青漆一层，干燥后再填缝。

1.15 砌体工程

本项目主要为护坡干砌块石。

1.15.1 干砌石体砌筑一般要求

（1）干砌石使用材料应按施工图纸要求和监理人指示，采用块石砌筑。

（2）石料使用前必须洗除其表面的泥土和水锈等杂质。

（3）干砌石砌体铺砌前，先铺设一层砂砾垫层。铺设垫层前，应将坝坡平整夯实，控制砂砾垫层铺设厚度均匀，其压实度大于90%。

1.15.2 干砌石护坡、贴坡排水施工

坝面护坡施工按照设计图纸和监理人的指示进行。坝面护坡砌筑与坝体填筑配合进行。砌筑前将未压实的坝料清除，按设计的边坡进行修整砂砾石（反滤层）边坡，凹陷处回填并夯压密实，每侧隔3m用测绳和木桩定出外形，保证护坡铺砌平整，坡度均匀，控制护坡块石和贴坡排水外缘与设计边坡线误差不超过50mm，坡度顺直，不得有明显的凸凹现象。

块石护坡厚度不得小于30cm，小块径不得集中使用，靠近127.2m高程的马道和岸坡应选用粒径大于30cm的大块石。

贴坡排水所用石料必须从石料场专门选用，石块质地坚硬，下层和上层块石粒径和级配符合施工图纸要求。

干砌块石护坡表面砌缝宽度不大于25mm，砌石边缘应顺直、整齐牢固。

砌体外露面的坡顶和侧边，选用较整齐的石块砌筑平整，石块间的明缝用小片石料填缝紧密。护坡施工要认真按测量放线控制，错缝搭砌、紧靠密实、塞垫稳固、表面平整。

1.15.3 干砌石护脚

采用石料单块质量不小于50kg，施工方法采用一层与一层错缝锁结方式铺砌，紧靠密实，块石间的空隙用碎石嵌实。

1.16 观测仪器和设备

1.16.1 施工范围及责任

1.16.1.1 施工范围

本标段观测设备安装和埋设工程主要为工程内部自动化监测系统。

1.16.1.2 承包人责任

我单位按设计要求提出观测仪器设备的采购、测试、率定、安装、观测和维护的实施方案并交监理工程师审查，按施工图纸和安装技术要求进行安装、埋设及调试，并按规定的时间完成。

1.16.1.3 观测仪器设备的埋设

1）工作基点和校核基点的埋设

在观测处确定的观察立柱坐标位置钻孔到完整岩石，下套管，继续钻孔至完整岩石下2m。在该位置挖一个深1.8m、底面1.5m×1.5m、边坡为1∶0.5的坑，清除高于坑底的套管。在套管内下钢管，钢管下端2m为花管，管内填高标号砂浆，这样花管段与完整岩石合在一起。然后在坑内浇筑底座0.8m×0.8m×0.3m、立柱为0.4m×0.4m×2.7m的钢筋混凝土墩，混凝土墩浇完后在立柱顶预埋强制对中基盘，基盘要求水平，并用钢板盒保护，坑内回填、夯实。

2）移动标点的埋设

在坝顶动基点位置挖一个深2m、边长1m×1m的坑，坑内浇筑高出地面1.2m带底座的钢筋混凝土四棱柱。柱顶预埋强制对中基盘，基盘要求水平，强制对中基盘由钢板盒保护。当混凝土强度达到设计标准后进行坑内原土回填、夯实。

3）渗压计的埋设

渗压计的埋设采用钻孔埋设法进行埋设。首先在设计埋设位置进行岩心管冲击法干钻至设计埋设高程，用套管直接把渗压计推入设计测点位置，埋设前应充分浸泡，使透水石充满水，渗压计应完全浸在设计给定的饱和过滤材料中，钻孔用皂土/黏土/水泥的混合重浆通过漏斗筛填充。

连接电缆的敷设：孔隙水压力计的连接电缆用软管套护，沿电缆沟敷设或开沟埋设，引至测量室。在压力计和测量室间的电缆不允许有任何接头；单元电缆和控制板间的接头应用抗腐蚀的材料包裹，单元电缆终端应做好标记。

4）测斜计的埋设

测斜计安设在已完成的土坝的钻孔中，安装方法参见渗压计的埋设。

5) 水管式沉降仪的埋设

该仪器由埋在坝体内的测头、测管、排气管、排水管和通至观测房的观测台构成。

当坝体填筑到高出测点1m时，沿埋设线开挖沟槽，在粗砾料中挖深约1.2m，以反滤形式人工压实整平沟底基床，通常采用1%～3%坡度观测房，坡度平整度不超过±2mm。

测头和管路埋设：每只测头配一组管线，两端口分别用包装胶带封死并编号，测头基床浇筑厚10cm混凝土，沿沟铺保护钢管，然后将塑料板依次穿过。操作要小心，不得有断裂现象。管线铺完后，将测头放在混凝土基床上，用水平尺校测水平，可靠连接溢流管、排气管、排水管，然后在测头处浇筑混凝土保护室，养护至设计强度后拆模开始回填沟槽。在粗料坝体中，以反滤形式人工压实回填，填至测头上2m，细料回填原坝料1.5m以上即可恢复正常施工。

6) 电磁性沉降仪的埋设

沉降仪测管的下部嵌入坝基础的钻孔中，钻孔用细砂的水泥混合灰浆填实并保证基础土与测管的结合。

测管的埋设随着坝体填筑逐步进行，准确埋设在设计高程处，沉降盘按设计位置设置。施工中在测管周围2m范围内不得有重型机械靠近，测管用直径1.5m的钢制护筒保护起来，并随着坝体的升程而升高。护筒内由人工进行填土。

安装结束时，测管的上部用塞子封住，顶盖用混凝土板保护。

1.16.2 施工期观测

我局有多年的观测经历，积累了丰富的观测经验。中标后将派具有丰富观测经验、中级职称以上专业人员施工观测。位移观测采用全站仪进行观测。

1.16.3 观测频率

内观仪器：埋设后至少观测2次，以后每隔4h观测一次，10d后每隔1d一次，30d后每隔7d观测一次，直到竣工。

外观仪器：蓄水前后或水位变化较大时要加密观测，平时每月观测1次。

1.16.4 资料整理

(1) 观测人员做好观测记录，并检验观测数据的正确性、准确性。

(2) 每次观测记录要整理齐全、及时上报。

(3) 每年要写年度总结和分析报告，以便指导设计和施工。

(4) 资料必须搜集完整，为中间验收、安全鉴定和竣工报告打好基础。

(5) 工程竣工观测必须写出分析报告，鉴定工程稳定性和优劣状况。

1.16.5 质量控制及检测

1.16.5.1 观测设备的率定

仪器的率定是在仪器进行埋设前所进行的校正和检验，以标定仪器在出厂、运输、存放过程中是否受到损坏并确定仪器的初始值，防止埋设不合格仪器。率定分为温度率定和力学率定。

1.16.5.2 温度率定

所有内部观测仪器都要进行0℃、20℃、40℃、60℃四个档位的温度率定。合格标准为标准温度计的±0.5℃。

1.16.5.3　力学率定

不同仪器有不同率定设备。孔隙压力计及压力计需用压力机和平压泵，每支仪器按各自档位率定。技术要求：一项不合格需重新率定一次，仍不合格则为不合格产品，退回生产厂更换。

1.16.6　**质量控制**

(1)由专人进行仪器设备的进场检验，检查仪器设备外观是否完好、技术资料是否齐全、辅助配件是否齐全。不合格设备退回原厂更换。

(2)仪器设备在运输和安装过程中，必须轻拿轻放，确保平稳放置，不受挤压、撞击或剧烈颠簸振动。安装时严格按照厂家提供的安装说明和注意事项进行。

(3)严格按照设计给定的测点坐标进行施工定位，施工过程中随时复测，保证测点在给定位置。

(4)位移测点混凝土柱、墩顶部强制对中基盘对中误差应小于0.2mm；工作基点、校核基点立柱顶部强制对中基盘对中误差应小于0.1mm，强制对中基盘应调整水平，倾斜度不得大于4′。

1.17　新工艺、新措施

灌浆均安设灌浆自动记录仪，实现灌浆、压水的集中控制和运行监测，以及灌浆成果资料的自动打印、生成、整理，可排除人为差错。

三重管灌浆，对卵砾石、黏土层加固可靠性高，固结体强度大，防渗效果好。

1.18　保证工期的关键措施及施工进度计划

1.18.1　**施工进度计划说明**

本工程计划2005年5月30日开始施工，于2008年9月30日完工，总工期3年零4个月，比标书要求的工期提前30d完成。如延误工期，我单位愿支付违约金1 000元/d。

施工过程中合理安排工作面和施工班组，在施工过程中形成良好的流水作业，避免作业面浪费或劳动力浪费现象，合理利用资源，达到节约成本的目的。

(1)施工准备：从2005年5月30日开始，2007年2月28日完成。

(2)导流围堰：一期围堰修筑从2005年7月1日~2005年8月31日完成，一期围堰拆除从2007年4月1日~5月30日完成；二期围堰修筑从2006年10月1日开始，2007年2月28日完成，二期围堰拆除从2008年4月1日开始，5月30日完成。

(3)清基：分两个时段施工，分别安排于2005年7月1日~8月31日，2006年9月1日~11月30日。

(4)坝基土方明挖：分两个时段施工，分别安排于2005年7月16日~8月31日，2006年9月17日~2006年10月31日。

(5)基岩石方开挖：分两个时段施工，分别安排于2005年8月1日~31日，2006年10月2日~31日。

(6)帷幕灌浆：分两个时段施工，分别安排于2005年9月1日~10月15日，2007年4月1日~5月15日。

(7)高压旋喷灌浆:于2007年6月1日开始,7月30日完成。

(8)黏土心墙填筑:计划于2005年10月1日~2008年4月30日完成。

(9)坝基过渡料填筑:计划于2005年10月1日~2008年4月30日完成。

(10)坝体砂砾石及石渣回填:计划于2005年10月1日~2008年4月30日完成。

(11)护坡砂砾石垫层:计划于2005年10月15日~2008年4月30日完成。

(12)护坡干砌块石:计划于2005年10月10日~2008年4月24日完成。

(13)贴坡排水堆石:计划于2008年4月25日~6月23日完成。

(14)防浪墙混凝土:计划于2008年5月1日~6月15日完成。

(15)坝顶路面:计划于2008年6月16日~7月31日完成。

1.18.2 保证工期的关键措施

招标文件中明确规定了本标段工程范围的控制性工期,这是发包人规定的既定目标,我们将无条件的按规定的工期完成。

本工程中标后,将成为我单位的重点项目。为保证本工程总工期及关键工期,我们将投入精干的、高水平的施工技术人员,性能优良的机械设备及充足的物资保障,以确保本工程项目"优质、安全、高效、经济"地按期完工。

1.18.2.1 组织保证措施

按项目管理法组织施工。施工现场成立高效运行的项目经理部,派遣有丰富施工经验的项目经理、技术管理人员以及技术工人组织施工。

1.18.2.2 加强计划管理

(1)工程开工前,编制严谨的网络计划。在确保质量及工程安全的前提下,统筹兼顾、合理安排,进度计划做到连续、经济合理、抓住关键线路。认真仔细排查,考虑施工现场可能对工期造成延误的各种因素,确定进度作业指标时留有余地,一旦发现工期延误以便及时采取补救措施。

(2)根据总网络计划编制月、旬作业计划,并根据实际施工过程中的完成情况,及时与原计划进行对比,采取措施修正调整,实行动态管理。对实际过程中出现的进度滞后应及时分析查找原因,做到"以日保旬、以旬保月",确保计划的按期实现。

(3)严格执行工地计划例会制度,工地每天召开一次调度会,由生产副经理主持,落实每周由项目经理部组织召开的进度计划会的内容。重大问题及时提出,并组织协调实施解决。

(4)根据总体目标和施工进度、施工难度、环境等特点,充分利用以往工程的施工经验,提前预测有可能发生的工序间交叉配合不到位的现象,采取有效措施,抓住重点、优化资源配置,合理调配劳动力及机械设备。

1.18.2.3 技术保证措施

(1)施工技术是影响工程进度和工程质量的重要因素之一,我单位将派出高水准、具有丰富施工经验的技术人员主持和组织本工程施工,精心策划,编制出具有严密性、可预见性、经济合理、安全可靠的施工技术方案。

(2)成立技术攻关小组。现场建立以经理部总工为核心,工程部、质检部为指导,厂队技术员为主体的三级管理体系。组织、监督、指导现场施工技术。

另外,设咨询专家组和技术顾问组对工程中的重大技术问题进行研究及指导。

1.18.2.4　设备、材料保证措施

(1)为保证工程的按期顺利完成,我单位将对本工程投入精良的施工机械设备,并经常检查、维护、保养,以提高设备的完好率、出勤率,保障各种设备的正常运行和安全运行。

(2)加强材料管理,提前保质保量组织材料的采购、运输、保管、避免因材料原因造成窝工、停工及工期延误。

主要材料和水、电需用量计划见表1-10,拟投入本合同工作的主要施工设备见表1-11。

表1-10　主要材料和水、电需用量计划

序号	名称	规格	单位	数量					备注
				总量	2005年	2006年	2007年	2008年	
1	柴油		t	6 560	984	2 165	2 230	1 181	
2	钢筋		t	141	39		49	52	
3	炸药		t	53	11	15	15	12	
4	雷管		个	158 824	31 765	44 471	46 059	36 530	
5	水泥		t	7 701	2 156		2 926	2 618	
6	碎石		m^3	15 536	4 350		5 904	5 282	
7	砂		m^3	10 020	2 806		3 808	3 407	
8	反滤料		m^3	161 464	32 293	56 512	56 512	16 146	
9	过渡料		m^3	200 625	40 125	60 188	60 188	40 125	
10	黏土		m^3	427 808	85 562	128 342	128 342	85 562	
11	水		m^3	265 022	53 004	79 507	79 507	53 004	
12	电		kW·h	784 539	156 908	235 362	235 362	156 908	

表1-11　拟投入本合同工程的主要施工设备

序号	设备名称	型号及规格	数量	制造厂名(产地)	购置年份(年)	已使用台时数	检修情况	现在何处	进场时间(年-月-日)
1	挖掘机	CAT320－C	1	美国卡特	2002	4 000	良好	郑州	2005-05-30
2	挖掘机	CAT325－B	2	美国卡特	2002	3 000	良好	洛阳	2005-05-30
3	挖掘机	PC400	2	日本小松	1999	3 000	良好	洛阳	2005-05-30
4	长臂挖掘机	SH－300	3	住友	2000	1 500	良好	洛阳	2005-09-01
5	推土机	TY220	6	山东推土机厂	1992	4 000	良好	郑州	2005-05-30
6	推土机	D85	4	日本小松	1996	2 000	良好	濮阳	2005-05-30
7	装载机	ZL50	8	厦工	2000	4 000	良好	郑州	2005-05-30
8	自卸汽车	EQ3206G	35	东风汽车	2001	4 000	良好	濮阳	2005-05-30

续表 1-11

序号	设备名称	型号及规格	数量	制造厂名（产地）	购置年份（年）	已使用台时数	检修情况	现在何处	进场时间（年-月-日）
9	手扶振动碾	1.2t	3	徐工机械厂	2000	500	良好	郑州	2005-05-30
10	振动碾	YZ－14t	2	洛阳工程机械厂	2000	1 000	良好	郑州	2005-05-30
11	振动碾	YZ－18t	1	西安工程机械厂	2001	1 000	良好	郑州	2005-05-30
12	振动碾	CA25	4	徐工机械厂	2000	1 000	良好	郑州	2005-05-30
13	混凝土搅拌机	500L	3	郑州机械厂	2000	1 500	良好	郑州	2005-05-30
14	混凝土运输车	FV413	3	四川	2000	1 500	良好	郑州	2005-05-30
15	汽车吊	QY－16	3	徐工机械厂	1998	6 000	良好	郑州	2005-08-30
16	地质钻机	XY－2	3	山东泰安	1998	8 000	良好	郑州	2005-08-30
17	地质钻机	XJ100	1	衡阳	2001	3 000	良好	郑州	2005-08-30
18	灌浆泵	SGB6－10	3	杭州	2002	1 600	良好	郑州	2005-08-30
19	灌浆泵	2SNS	2	中南	2003	1 200	良好	郑州	2005-08-30
20	空压机	VGA4－10/10	4	上海建机	2000	4 000	良好	郑州	2005-08-30
21	变压器	50kVA	3	郑州机电厂	2001	3 500	良好	巩义	2005-05-30
22	变压器	315kVA	2	郑州机电厂	2001	4 000	良好	郑州	2005-05-30
23	电焊机	BX3－500	4	上海建机	2000	3 000	良好	新疆	2005-05-30
24	全站仪	TL－600	1	日本	1999	1 200	良好	巩义	2005-05-30
25	经纬仪	T2	3	苏州光学仪器厂	2000	1 500	良好	郑州	2005-05-30
26	水准仪	N2	3	苏州光学仪器厂	2000	1 500	良好	新疆	2005-05-30
27	钢筋切断机	40 型	1	郑州机电	2001	3 500	良好	郑州	2005-05-30
28	钢筋弯曲机	WJ－40	1	郑州机电	2001	3 500	良好	郑州	2005-05-30
29	钢筋调直机	4－14mm	1	郑州机电	2001	3 500	良好	郑州	2005-05-30
30	油罐车	N8	2	东风汽车厂	2001	4 000	良好	巩义	2005-05-30
31	洒水车	WH2514GHS	2	一汽			新购		2005-05-30
32	水泵	KDOW100－320	8	郑州水工机械厂			新购		2005-05-30
33	潜水泵	QY 型潜水泵	16	郑州水工机械厂			新购		2005-05-30

1.19 质量控制措施及保证质量的关键点

1.19.1 概述

工程质量是承包人经营管理的核心，承包人将以 GB/T19001—ISO9001:2000 质量体系标准的要求，建立完善的本工程质量保证体系，确保本工程达到优良等级，并力争创国家级优质工程。

1.19.2 质量管理体系

1.19.2.1 质量方针与质量目标

1）质量方针

在施工中投入精干人员，以先进的施工技术、精良的设备、科学的管理，修造精品工程，让发包人满意。

2）质量目标

施工中将以发包人为关注焦点，认真贯彻质量方针，提高员工的质量意识，大力推行质量管理，保证质量体系的有效运行。依靠技术创新，确保该工程质量达到以下质量目标：

（1）安全、可靠、耐久、美观。

（2）工期履约率达 100%。

（3）单元工程一次验收合格率达 100%。

（4）单位工程优良品率达到 75%。

（5）确保本工程达到优良等级，创建优质工程。

1.19.2.2 质量保证体系

承包人按 GB/T19001—ISO9001:2000 质量体系标准，结合本工程的特点，建立完善的质量保证体系，编制质量计划，制定严实的质量保证措施，并确保其持续有效运行，使工程质量始终处于受控状态。

1.19.2.3 质量管理机构及职责

根据本工程的质量总体目标和质量保证体系的要求，建立质量管理机构见图 1-11。

1）项目经理职责

（1）贯彻执行本工程的质量方针、质量目标，组织制定具体措施，确保本工程全体施工人员理解和执行。

（2）制订培训计划、组织专业技术培训；全面履行工程质量管理职责，定期（每月一次）组织质量管理评审，以保证质量体系的持续性、有效性和适宜性；深入工地调查研究，及时推广保证施工质量的先进施工方法，表彰奖励质量管理先进集体和个人。

2）总工程师职责

（1）主持制定施工组织设计文件、支持质量管理评审，并审核纠正与预防措施。

（2）主持工程阶段及竣工验收，编写工程管理工作报告。

3）质检部管理职责

（1）制定和实施项目工程质量计划，加强施工质量控制。

（2）制定纠正及预防措施，并检验措施实施的有效性。

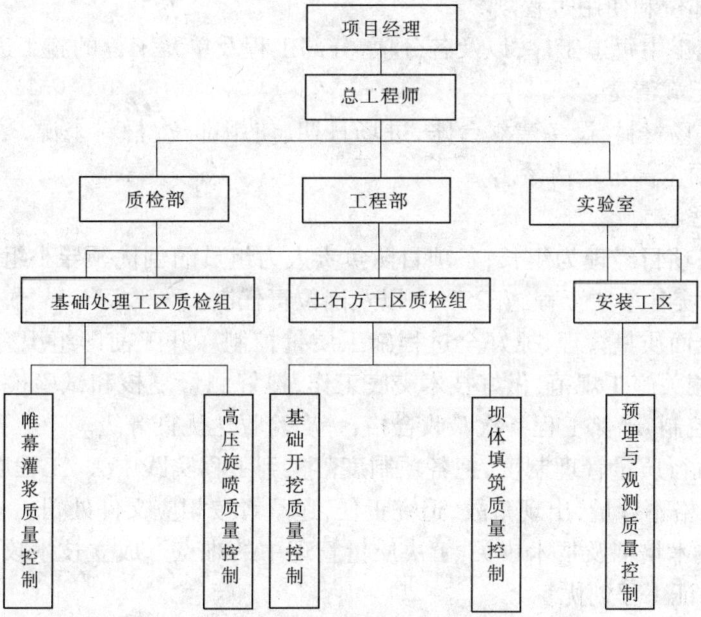

图 1-11　施工质量管理组织机构

(3)负责质量体系的运行检查、考核,提出更改不适宜的控制程序。

(4)中间产品验收,施工试验设计与实施,对质检员、试验员业务、技能进行培训、考核。符合性试验质量报告,单元工程及阶段验收文件、资料收集,编辑成验收文件稿。

4)实验室职责

(1)坝体填筑料检测,施工原材料的进场检测,坝体填筑质量检测,防渗体施工质量检测,砌体施工质量检测。

(2)所有试验资料的整理、汇总、归档。

5)工区管理职责

熟知设计要求,制定施工实施方案,提出质量控制关键点,提出保证质量措施,派出能胜任该项质量要求的人去操作,持续改进,保证改进的有效性。

1.19.2.4　质量管理体系主要要素控制

1)物资采购

(1)做好市场调查,选择生产管理好、质量可靠的厂家作为供应商。

(2)对供应商产品按规定进行取样分析试验,随时掌握生产状况,确保供应稳定合格产品,否则重新认定供应商。

2)产品的标识和可追溯性

(1)工程上的原材料及主要辅助材料检验和试验合格后,存放于指定地点,悬挂标牌进行标识,并做好记录。对检验不合格的材料,立即退出施工现场。

(2)定期对检验、测量、试验和其他施工设备进行校正鉴定,并对上述设备贴标鉴标识,并做好记录。

(3)对因工程急需未进行进场检测的、但监理人已批准使用的原材料进行标识,并详细记录其使用部位和使用过程。

(4)工程施工中每道工序,以及各分项、分部工程及单元工程的施工进程用质量检查证和质量记录记载清楚。

(5)所有进场材料、设备建立台账,进场日期、使用部位、材料来源、数量、设备性能、设备型号等事项全部记录清楚。

3)施工过程控制

(1)建立以项目经理为组长,各项目队负责人为组员的创优领导小组,主持和组织项目创优活动,落实各单项工程施工工序,以及岗位责任制。

(2)运用全面质量管理,抓好全过程施工质量控制。开工前即组织有关管理人员熟悉设计标准和相关施工规范,做好技术交底工作,抓好测量复核和试验检验,并加强各工序质量检验与控制,确保工程一次验收合格,一次验收达优良等级。

(3)认真执行质量管理制度,把各项制度落实到工程实践中去,工程质量与经济分配挂钩,质量不合格不计量,出现事故,追究责任,违章者按相应文件处罚。

(4)组织技术培训及技术攻关,解决质量管理中的难点。成立技术攻关小组,解决施工技术难点,保证工程创优。

4)不合格品控制

(1)对于不合格原材料、不合格工程进行有效控制,不合格材料不投入使用,上一工序不合格不得进入下一道工序。

(2)施工中发现质量问题,坚决按"三不放过"原则处理。

5)纠正和预防措施

(1)及时处理发包人及监理人对质量方面的意见和工程质量不合格报告。调查不合格品产生的原因,并记录调查结果。由质检部确定施工过程中不合格原因所需的纠正措施,经总工程师审核后,施工过程中严格执行,并随时跟踪检查,确保措施的有效、持续执行。

(2)预防措施的关键是收集和分析各种质量信息,充分利用各种信息,分析和消除潜在不合格的原因。项目经理部要高度重视发包人及监理人对质量方面的意见,定期检查质量记录、试验成果,对潜在的不合格进行原因分析,采取预防措施,跟踪检查,并对效果进行评价。对采取的措施,项目经理部按规定时间实行检查与评审,以确保措施的有效性。

6)质量记录

(1)各工区建立质量记录包括:与产品质量形成的所有的有关记录,如施工检验、试验、质量评定、技术管理、施工日志、测试记录、隐蔽工程验收记录等;与质量体系运行过程有关的记录,如质量过程及内部审核、改进结果、不合格及返工纠正记录、设备鉴定及人员培训、内部质量审核及统计技术应用、服务回访记录等。

(2)质量记录按规定要求做到真实、准确、及时、完整。

(3)质量记录严格按施工合同要求建立,并指定专人进行填写和填报。

(4)质量记录由技术部门归档管理,项目经理部每月组织相关业务部门进行监督检查,以确保记录的连续性和完整性。

1.19.2.5　制定完善的质量管理制度

制定完善的质量管理制度，其中包括技术交底制度，质量班组初检、作业工区复检、项目部终检的三检制度，分项工程质量评定制度、事故报告制度、各车间施工班组岗位责任制、质量工资兑现制度等。在项目质量管理中认真贯彻实施。

(1)本着“谁施工谁负责质量”的原则，施工质量以项目经理为第一责任者，执行项目总经理特别质量奖、罚制度。组织 QC 质量管理小组进行全面质量管理。以“优质工程”为总目标，努力争创优质工程，施工人员对施工质量负责。

(2)施工质量检验按施工班组自检、分项目工区复检、项目质检部终检的“三检制”进行，坚持对施工全过程的跟踪检查检验。实行施工质量一票否决制度。施工质量检查员、试验员对施工质量检验频率及检查试验结果负责。

(3)单项工程开工前请设计人员对施工人员进行技术交底，组织施工人员进行施工技艺培训，制定施工措施，确定施工方法、施工工艺流程和工序质量标准，施工中紧前工序必须向紧后工序交合格产品，紧后工序对紧前工序提供的不合格产品不得接续施工。

(4)施工测量人员要时刻以高度负责的工作态度，严格按照测量规范，对永久桩点定期进行复测，精心进行施工放样。测绘账簿记录完整、齐全，保存完好，移交存档及时。

(5)施工员、质量检查试验员填写的值班记录、报表必须规范，字迹清楚，签证手续齐全，资料保存整洁完好，归档移交及时。

(6)在施工中对出现的质量异常问题、质量事故，本着施工质量“三不放过”的原则进行认真处理，并按质量管理程序及时准确填报相关报表上报有关领导。对质量异常问题或质量事故隐瞒不报、虚报者将追究责任者的行政责任。

(7)认真执行现场施工技术规程，精心组织施工，对违章指挥和施工者严格按照施工质量奖罚条例对责任者进行处罚，情节严重者调离工作岗位，特别严重者除给予处分外，将被清除出现场。

(8)施工质量检验用的仪器器具质量必须保持良好状态，并定期进行检查校正，确保精度。操作方法符合相关规程规定。

(9)实行施工质量动态管理，对检验结果及时进行统计分析，并填报质量管理图和质量日、月、年报，及时发报给各有关管理者。

1.19.3　明挖工程质量管理措施

(1)在开挖施工前，测量人员和监理人共同对施工面进行原地形测量，按施工图测设开挖边线并设置明显的开挖边线标识桩，标明开挖高程、桩号、边坡坡度、技术负责人及开始与完工时间。开挖面原地形测量和开挖边线放样测量资料及开挖周边排水和防洪保护设施经监理人复核签认后进行开挖施工。

(2)设专人进行开挖施工质量控制，对开挖面的平面尺寸和标高、开挖边坡坡度和坡面平整度进行控制测量，确保开挖平面尺寸和标高、开挖边坡坡度和坡面平整度符合设计及规范要求。开挖清理完成后的开挖测量资料及时提交监理人进行复核并验收签认。

(3)开挖料按其质量分类装车运送至监理人指定的开挖料堆存场堆放。专人负责开挖料的分类装车并在运料车上设置明显的分类标识以防混料。

(4)砂砾石建基面开挖完成后及时进行振动压实，以确保建基面以下 0.5m 范围内的砂砾石基础的相对紧密度不小于0.75。

(5)按规范规定的取样项目、频率对碾压前和碾压后的建基面进行抽样检验,检验结果及时提交给监理人复核并签认。

(6)认真对开挖面和建基面进行工程地质描绘,并做好记录。

1.19.4　灌浆工程质量管理措施

(1)编制灌浆试验大纲,通过试验择优选定最优参数,报监理人批准后在施工过程中严格执行。

(2)对钻孔统一编号,并由测量人员放样定位,孔位偏差不得超过 ±10cm。

(3)施工中设专人负责灌浆施工质量检查,并认真填写记录。

(4)严格控制灌区灌浆质量。

(5)在施工过程中因地质、施工情况发生变化,需改变施工参数或施工程序时,须报请监理人批准,并按监理人的批复执行。

(6)在施工过程中如发现串孔、地面冒浆和特大耗浆等特殊情况,及时报请监理人,与监理人共同商议解决办法,并严格按照确定的办法实施。

(7)严格控制接缝灌浆灌区的合格率达80%以上,且不合格的部位不得集中。

1.19.5　石渣填筑工程质量管理措施

(1)在填筑前,测量人员认真进行用于计量的地形、剖面测量,并及时将测量资料提交监理人进行复核签认。

(2)保护层开挖完成后及时进行建基面清理,自检合格后请监理人组织进行隐蔽工程验收并签证。

(3)按规范规定的项目、频率进行料场复查工作,并认真进行料场的开采规划。料场复查结果和开采规划经监理人批复后,认真按批复意见执行。

在料场对坝体填筑料级配、含泥量等进行检查试验;在反滤料加工场,对成品料的颗粒级配、含泥量、软弱颗粒含量等项目进行检查试验。

(4)严格按监理人批准的通过室内试验和现场生产性碾压试验选定的施工工艺参数及施工质量控制标准、制定的施工技术规程进行施工。

(5)专人负责上坝料的铺筑厚度、填料分离处理、摊铺面的平整度、碾前洒水量、振动碾工作速度、振幅与频率、错距搭接宽度、碾压遍数、填筑边线等指标的检查与控制,并做好记录。

(6)按招标文件的要求对进场的每批土工合成材料进行物理性能、水力学性质、力学性能和耐久性能的检查与检验。同时,对其外观质量进行检查。

(7)对拼接所用的焊接材料和焊接质量进行抽样检验。

(8)专人负责土工合成材料的铺设,认真按监理人批准的施工工艺进行施工。

(9)专人负责土工合成材料覆盖前的保护工作以防破损;对暴露在外面的,及时用草席或监理人允许的其他材料覆盖,以防长时间日光直射而老化。暴露时间最长不得超过3天。

(10)每层土工合成材料被回填覆盖前,均进行工程隐蔽部位验收。

(11)专人负责反滤料、过渡层料的铺筑施工,严格控制填筑边线和填筑厚度符合设计要求，异种料结合部不得混料。

(12)按规定频率和项目对各种材料的各填筑层及削坡面分别进行抽样检验，严格控制压实相对紧密度指标符合设计要求。对一次抽样检验不合格的部位及时采取补救处理措施，同时认真检查产生不合格的原因并制定防范措施。对每一填筑面在覆盖前均进行隐蔽部位验收。

1.19.6 砌体工程质量管理措施

1.19.6.1 砌石工程质量检查

1)原材料的质量检查

(1)砌体工程所用的石料按照招标文件的要求进行物理力学性质的检测和外形尺寸的检查。

(2)用于砌体工程的水泥、水、外加剂及砂等原材料按监理人的指示和招标文件及规范的要求进行物理力学性能的检测。

2)胶凝材料的质量检查

(1)按监理人的要求定期检查砂浆材料和小骨料混凝土的配合比。

(2)水泥砂浆的均匀性检查：定期在拌和机口出料时间的始末各取一个试样，测定其湿容重，其前后差值每立方米不得大于35kg。

(3)水泥砂浆和小骨料混凝土抗压强度的检查：同一等级砂浆试件的数量，28d龄期的每200m^3 砌体取成型样一组。

1.19.6.2 砌体工程验收

(1)砌体工程砌筑前进行砌筑体测量放样成果的检查和基础面开挖清理质量及垫层质量的检查与验收。

(2)完工验收应提交的资料：砌体工程竣工图；砌体原材料复检试验报告；砌体工程基础验收资料；砌体工程的砌筑质量记录；监理人要求提交的其他资料。

1.20 安全度汛措施

1.20.1 各年度度汛安排

本工程施工时段为2005年5月30日~2008年9月30日。各年度度汛安排如下：

(1)2005年和2006年，一期围堰度汛标准为10年一遇，相应洪水流量为$Q=2\ 330m^3/s$，上游水位85.83m，围堰超高1.3m；2005年11月一期坝体高程不低于90.00m，2006年汛前一期坝段高程达到118.6m高程，实现年度安全度汛的要求。

(2)2007年汛期由隧洞泄流，度汛标准仍为10年一遇($P=10\%$，$Q=2\ 330m^3/s$)，上游水位为102.82m，主坝填筑已达到118.6m，满足安全度汛要求。

1.20.2 安全度汛措施

在施工现场组建由发包人、监理人和承包人参加的安全度汛管理机构，负责施工现场和工作场地的安全度汛工作。本承包人将成立一支由项目经理负责的150人抗洪抢险队，24小时值勤，保证通信及准备好各种防汛物资，各种机械设备到位，建立健全防汛值班岗位责任制度，做好迎战超标准洪水的准备，防汛工程所需材料及机械设备见表1-12。

表 1-12　防汛工程所需材料及机械设备

序号	设备材料名称	型号	单位	数量
1	装载机	ZL50	台	2
2	挖掘机	CAT－320c	台	2
3	自卸汽车	15t	辆	15
4	轮胎式起重机	8t	辆	2
5	对讲机		部	10
6	编织袋		片	50 000
7	铁锹		把	500
8	镐头		把	500

1.21　安全生产、文明施工技术措施

1.21.1　安全管理措施

(1)制定一套较完整的管理规章制度和办法,其中包括安全生产岗位责任制度、安全生产监督检查制度、安全教育培训制度、安全技术交底制度、安全生产保证金制度、安全防火管理制度、施工机械设备安全管理办法、劳动防护用品发放和使用办法、安全奖惩办法,以及各工种安全操作规程等。

(2)职工队伍进场后,对施工人员进行安全教育及安全培训,其内容包括安全思想教育、安全法规教育、安全技术培训、安全知识和安全纪律教育,进一步提高职工队伍安全文化素质,增强安全意识和提高自我防护能力,并经考核合格后方可上岗。

1.21.2　安全管理技术措施

在工程开工后 14 天内,编制完成一份施工安全措施文件,报监理部门审批后实施,其主要内容包括安全机构的设置,专职人员的配备以及防火、防毒、防噪声、防洪、救护、警报、治安等。

1.21.2.1　施工现场防护

对施工过程中现场所有的危险部位和危险作业场地(包括高空作业、施工通道、施工现场预留孔、口、门井、岸坡等),采取设安全网、安全护栏、防护盖板、安全爬梯、安全跨越走台等措施进行安全防护,减少施工现场不安全因素,改善作业条件,为施工人员创造安全的作业环境。

1.21.2.2　施工用电安全

现场施工用电我们将合理布置供配电线路和设施,形成用电安全保护系统,在照明和潮湿的施工场所将采用不大于 36V 的安全电压,对手持电动工具均设安全漏电保护装置,确保施工用电安全;在施工作业区、施工道路、临时设施、办公区和生活区设置足够的照明,其照明度不低于表 1-13 的规定。

1.21.2.3　施工交通

由于本工程施工中,临时交通道路和运输车辆较多,对于施工区域内的每一条交通道

路，我们将设立标志牌，在交叉道口设置信号灯，保证场区交通运输安全。对于施工机械车辆集中运行部位，设专人指挥，防止机械车辆碰撞事故。

表 1-13 照明度要求

序号	作业内容和地区	照明度（lx）	序号	作业内容和地区	照明度（lx）
1	一般施工区、开挖和弃渣区、场内施工道路、堆料场、运输装载平台、临时生活区道路	30	4	地弄和一般地下作业区	50
			5	安装间、地下作业区	110
2	加油站、现场保养区	50	6	一般施工辅助工厂	110
3	门厅、出口道路	50	7	特殊的维修车间	200

1.21.2.4　防尘、防噪声

对于有粉尘危害的作业场所，我们将采取密封、吸尘技术措施和湿式作业法，保持作业场所粉尘浓度符合有关规定标准，同时为作业人员配备个人防尘用品，减少粉尘对身体的危害。

对施工过程中产生噪声的设备采取消音、隔声技术措施，使噪声降到最低程度，减少对人员身心健康的危害。

1.21.2.5　消防

对于施工区域的防火安全工作，我们将认真贯彻消、防结合的方针，对职工进行消防安全训练。在自己辖区内的每栋临建房屋前设置消防器材架，配备一定数量的灭火器和灭火设备（铁锹、砂子等），同时设置消防水源。

如果发包人委托承包人组建消防队，我们将组建一支训练有素的消防队伍，根据实际情况配备足够的消防车和消防设备器材，并确保充足的消防水源和供水系统工作正常。根据消防任务的需要选择消防设备的型号，并经常检查和保养，使其处于良好的待命状态。消防队实行值班制，在任何时间都可保证消防设备的运行。

1.21.2.6　劳动保护

按照我国劳动保护法的规定，定期发给施工作业人员必须的个人劳动保护用品，包括防护服、防护鞋、防护手套、防雨用具、安全帽、安全带、绝缘防护品、防尘口罩等。另外，根据规定，还将发给特殊工种作业人员劳动津贴和营养补助。

1.21.2.7　接地及避雷装置

凡可能漏电伤人或易受雷击的电器及建筑物均设置接地或避雷装置，并定期检查，发现问题及时维修。

1.21.2.8　爆破

（1）编制详实的爆破作业文件，确定准确的爆破参数和飞石影响区，报监理人审核。严格按照我国有关爆破的管理规定执行。

（2）在爆破前划定警戒线，并设置警戒旗和警戒牌（标明放炮时间、地点和影响范围）。

(3)在规定时间进行爆破作业,不得随意启爆,启爆前对飞石影响区实行安全警戒,响警报器,清理飞石影响区内的非放炮工作人员,并在各路口设警戒员;点炮后,放炮人员立即撤离至安全区内。

1.21.2.9 火工材料和油料的存放及运输

(1)炸药和油库的设计及运输方式严格遵守我国有关规定。

(2)承包人将炸药、雷管和油料存放在特殊材料仓库内并制定严格的采购和出入库制度,火工材料的领取、发放由专人负责,未经主管领导批准其他人不得领取和发放。

(3)仓库与施工现场和生活区保持足够的安全距离,严禁施工现场设库存放炸药或雷管。

(4)在油库、火工材料库设立避雷针;油灌周围、火工材料库内不得有电源通过,要有防雷、防火、防电、防水措施。

1.21.2.10 安全度汛

做好汛期防汛工作,汛前备足防汛物资。进入汛期建立防汛值班制度,设专人值班,及时关注降雨及河水上涨情况,随时检查通信、照明电路,保证通信及道路畅通。成立抗洪抢险突击队,并在易出现危险的部位设置防汛物资,随时进入抢险现场,保证工程安全度汛。

1.21.2.11 信号

在施工区内设置一切必需的信号装置,包括标准道路信号、报警信号、危险信号、控制信号、安全信号、指示信号等,负责维护施工区内自设及发包人设置的所有信号装置,并按监理人的指示,经常补充或更换失效的信号装置。

1.21.2.12 车辆安全

制定严格的车辆管理制度,包括车辆的维修、养护、管理等各方面注意事项。保证车辆使用的安全。

1.21.3 安全保卫

(1)配置专职保安人员与政府部门当地治安管理部门协作,负责本工程的治安保卫工作。

(2)宣传法律知识,教育本单位职工遵纪守法,做好本管辖区(施工工地和生活区)的治安保卫工作。

(3)制定规章制度,严格管理,杜绝违法违纪行为。

1.21.4 文明施工的目标

本着“爱民、利民、便民”的宗旨,认真贯彻“谁主管、谁负责”的精神。针对政治思想工作、施工现场管理、环境卫生管理、廉政建设及内业等方面制定相应的保证措施,争创文明、安全、卫生工地。

1.21.5 文明施工组织机构建立

在工程开工的同时,组建由项目经理直接领导、一位项目副经理主抓安全生产、文明施工监督和管理的机构,负责组织和监督本工程文明施工措施的落实。由人事、安全、质检部门具体负责工地的管理和监督检查。各工区及生产班组的安全员同时兼文明施工监督员,负责本工区、本班的文明施工监督。

1.21.6 文明施工措施

(1)加强职工政治思想教育,严格劳动纪律。对职工进行思想道德、职业道德、家庭美德、社会公德的“四德”教育,提高职工素质。通过教育、培训,锻炼一支政治觉悟过硬的队伍。

(2)增强法制观念,遵守我国及地方法律法规,尊重地方风俗习惯,依靠地方各级政府,搞好同当地群众的团结。

(3)加强规范化管理,施工现场所有施工管理人员和操作人员着装统一、整齐;必须佩戴证明其身份的工作牌,工作牌标明姓名、头衔、编号。

(4)在施工中广泛开展劳动竞赛,比质量、比安全、比进度、比团结、比遵守劳动纪律等活动。

(5)各项施工生产活动严格按照有关规程、规范作业,杜绝野蛮施工和盲目施工。

(6)施工场地设各种标牌,包括工程简介、场地平面布置图、安全工地建设标准、值班制度及各种标语口号。

(7)施工材料分类堆放,堆码整齐,并设标识牌;施工水、电线路按规划布置,铺设整齐有序,固定牢靠。

(8)施工设备严禁乱停乱放,必须在指定地点有序停放,保证施工场内外道路畅通,并对运输设备经常冲洗擦拭,确保运输设备的车容车貌和完好率。

(9)工程完工后,按要求及时拆除所有工地围栏、安全防护设施和其他临时设施,并将工地及周围环境整理清洁,做到工完、料清、场地净。

1.21.7 文明施工考核办法

(1)对施工现场、文明施工情况进行分级检查,检查时采取观察、实测、查阅及询问等方式。

(2)项目经理部对现场文明施工情况进行经常性自检,发现问题及时解决。

1.21.8 文明施工管理办法

(1)文明施工必须实行全过程、全员、全方位管理。

(2)工程不具备文明施工条件时,应找出差距,提出切实可行的改进措施,监督实施后方可施工。

(3)每月由项目经理组织一次安全文明施工检查,按规定进行考核。

1.22 环境保护措施

1.22.1 环境保护责任

我们在施工过程中,将严格遵守国家及地方有关环境保护的法律、法规和规章,以及本合同的有关规定,并对违反上述法律、法规所造成的环境破坏以及人员伤害和财产损失负责。

1.22.2 环境保护项目

在施工期间,对施工弃渣、粉尘、噪声、废气、废水、废物进行全面控制和治理,保护施工区植被,防止水土流失,同时保持施工区和生活区的环境卫生。

1.22.3 环境保护措施

1.22.3.1 弃渣处理

在坝基开挖、石场开采中产生的弃渣均运至发包人指定的弃渣场堆放，禁止任意堆放弃渣，避免降低河道的行洪能力及影响其他承包人的施工和危及下游居民的安全。

1.22.3.2 粉尘防护措施

钻孔机械装设吸尘装置控制施工扬尘。

设4辆洒水车，定时对施工道路喷洒、减尘。

1.22.3.3 噪声防护措施

噪声主要来源于运输机械发动机声、开挖放炮声，及施工机械工作噪声。对施工中产生的噪声严格控制，使其符合国家有关规定。

运输机械在营地和当地居民居住区内限速行驶，一般控制在20km/h以内，同时禁止鸣笛，以降低噪音，避免噪声扰民。

1.22.3.4 废气、废烟处理

修理施工机械及施工中产生的废气、废烟、尾气须达到国家关于大气污染物排放标准中的规定。

各种燃油机械加装消烟、除尘设备。严禁在施工区焚烧垃圾和其他物品。

1.22.3.5 废水处理

(1)生活污水的处理。生活污水采用二级化粪、集中排放的方法。化粪池结构为二级化粪池，有效容积为12m^3。雨水与一般污水明沟排放。

(2)生产废水的处理。生产废水主要为辅助企业产生的油污水。辅助企业加强对各类油料的储存、使用管理，防止油料滴、漏入土壤中，油桶放置于水泥地面或铁皮槽箱中。辅助企业油污产生较多的部位，设置油污处理池，废油先在集油坑中进行油水分离，清水排入江中，废油收集起来统一处理。废油布、油渣集中焚烧后加以掩埋。及时辅修场地水泥地面，防止油渗入土壤。

1.22.3.6 废旧轮胎、油桶、废蓄电池、废旧钢铁等的处理

施工期间产生的各类废弃电池集中存放在室内，以免日晒雨淋造成对土壤的永久性污染；各类废旧轮胎、油桶不得露天放置；废旧钢铁集中堆放，不得随地乱丢；大坝上各种废旧建材泥砂及时清理运走，不得随意倾倒。

1.22.3.7 施工区环境卫生保持

施工环境派专人经常清扫，及时清除垃圾和废弃物，施工道路有专人养护并配备专用洒水车定时洒水控制扬尘。

施工现场合理布局，建筑材料由施工员、调度员统一安排，堆放整齐、排列有序，并有标识。不随意堆放器材、杂物，以免阻塞工作场地周围的通道和破坏环境。

施工现场各种机械设备要停放整齐、排列有序，做到车容、机貌整洁。

1.22.3.8 生活区环境卫生保持

生活区内设花坛、花圃，种植花草美化环境。

生活垃圾分类分装，修建垃圾箱集中堆放收集，定期清运至远离营地的指定场地堆放和处理。

注意保护饮用水源，由专人负责定期检查，防止饮用水源受施工活动造成污染，污物、垃圾堆放点距水源和食堂不小于50m。

食堂环境保持清洁整齐，配备防蝇、防鼠、防蟑螂、防尘的药品和设施。

1.22.3.9 水土保持

按合同规定对施工开挖的边坡及时支护，做好排水措施，避免由于施工造成水土流失。

1.22.4 场地清理

施工结束后，在规定的期限内及时拆除一切合同规定必须拆除的施工临时设施和生活设施，清除施工区和生活区及其附近的施工废弃物，并按监理人批准的环境保护措施计划进行植被或土地的有效恢复。

1.22.5 环境保护检查制度

施工期间每月由项目经理部组织有关人员检查以下环境情况：

(1)施工的内容及产生的环境污染。

(2)环境污染物排放情况。

(3)机械设备的布局和工作状况。

(4)环保设备的工作状态、运行情况和处理效果。

(5)弃渣场、垃圾站等易产生污染场所的管理情况。

(6)环保制度、操作规程的执行情况，上次检查中发现问题及审核不符合的纠正情况。

1.23 工程总承包和分包的形式及交叉作业方案

我单位中标后，作为总包单位，将单独组织施工，不存在分包单位，所以工程总包和分包的管理形式及交叉作业方案就失去意义了。但是由于本枢纽项目3个标段同时施工，多个承包商在同一时段和相邻场地进行施工，同时溢洪道工程与土石坝工程在施工中又有非常密切的联系，溢洪道开挖出的部分弃料用于修筑土石坝的施工围堰部分，弱风化石渣作为土石坝的坝壳料直接用于筑坝，在施工用地、道路和公用设施方面同其他承包商搞好协调，爆破施工不影响其他单位的施工。在工程施工中发生干扰，坚决听从发包人或监理人的统一协调，坚持局部利益服从集体利益的原则。

1.24 保修承诺、保修措施及优惠条件

1.24.1 保修承诺、保修措施

(1)接受招标文件的所有条件，本工程保修期在合同约定的基础上再延长6个月。工程交付使用后，我单位将派专人每年进行两次回访，在质保期内接到建设单位人员通知3天内到位，积极配合处理工程有关问题。

(2)质量保证：我们将按国家施工验收规范要求，认真组织施工，严把材料质量关、施工质量关，保证使本工程质量达到优良。

(3)工期保证：根据本工程的具体情况，编制详细的施工组织设计和进度计划，采用先进的施工方法和施工工艺，保证按投标工期完成施工任务。

(4)保证该工程不转包,不分包。如发现转包,甲方有权终止合同,由我方负责赔偿。

1.24.2 优惠条件

(1)我方响应甲方的支付条款,工程施工中,如甲方资金暂不到位,我方保证连续施工不停工,并保证按期完成施工任务。

(2)如我单位中标,将发挥水利行业优势,积极参与办理工程的有关手续,使工程建设顺利开展。

(3)若工程提前竣工,不计取赶工措施费。

2 引水闸工程施工组织设计

2.1 工程概况

2.1.1 地理状况

××干流放淤试验引水闸工程位于××省,距××市约12km,在××护岸工程上首,距××水文站18km。引水闸根据拟定的引水流量范围控制淤区引水、放淤时机,并根据淤区不同时期的运用方式调整引水流量,配合退水闸控制淤区的入池水砂量及淤积形态。

2.1.2 水文气象

×××地区年平均气温13.7℃,极端最低气温为-15.2℃,极端最高气温为40.2℃。多年平均降水量为479.5mm,其中55%集中于7~9月,全年平均风速1.8m/s,最大风速24m/s,风向西北。

2.1.3 交通条件

工程所在地××市有××铁路线、108国道和209国道公路线通过,乡村之间均已通柏油路,交通较为方便。

2.1.4 编制依据及原则

2.1.4.1 编制依据

《水利水电施工技术规范》、《水利水电工程施工组织设计手册》、《水闸施工规范》、《××干流放淤试验工程设计报告》、《××干流放淤试验工程施工详图》和《××干流放淤试验引水闸工程施工合同》。

2.1.4.2 编制原则

严格执行现行的国家质量标准、施工规范、施工图及技术要求,力求合理缩短工期,并使施工强度均衡合理。

2.2 施工准备

2.2.1 成立管理机构

进场后即成立项目经理部,由1名项目经理、2名项目副经理、1名技术负责人组成,下设工程技术部、综合办公室、财务科、材料科、土方施工队、混凝土施工队、砌石施工队。制定各项规章制度。

2.2.2 技术准备

项目经理部成立后,即由技术负责人组织技术人员结合施工图纸和现场情况,编制详细的施工组织设计,配合业主组织图纸会审、技术交底和交桩工作,并进行施工断面测绘及施工放样,对各个施工人员和施工队长进行技术交底。

2.2.3 人员及设备准备

项目经理进场时即组织相应的施工设备进场。

2.2.4　**材料准备**

2.2.4.1　木材

木材不宜低于Ⅲ等材,腐朽、严重扭曲或脆性木材不得使用。

2.2.4.2　钢筋

钢筋混凝土结构所用的钢筋种类、钢号、直径等,应符合设计文件的规定。钢筋的机械性能应符合《钢筋混凝土用热轧带肋钢筋》(GB1499)的要求。

钢筋应有出厂质量保证书。使用前,仍应按规定做拉力、延伸率、冷弯试验。需要焊接的钢筋,应做焊接工艺试验。

钢号不明或使用中发现性能异常的钢筋,经复验合格后方可使用,但不得在承重结构的重要部位上使用。

2.2.4.3　水泥

混凝土所用水泥品质应符合国家标准,应有出厂质量保证书,并应按设计要求和使用条件选用适宜的品种。

2.2.4.4　粗骨料

粗骨料最大粒径的选定,应符合下列规定:

(1)不应大于结构截面最小尺寸的1/4。

(2)不应大于钢筋最小净距的3/4;对双层或多层钢筋结构,不应大于钢筋最小净距的1/2。

(3)不宜大于80mm。

(4)经常受海水、盐雾作用或其他侵蚀性介质影响的钢筋混凝土构件面层,粗骨料最大粒径不宜大于钢筋保护层厚度。

2.2.4.5　细骨料

细骨料宜采用质地坚硬、颗粒洁净、级配良好的天然砂。应按《普通混凝土用砂质量标准及检验方法》(JGJ52)的规定执行。

砂的细度模数宜在2.3~3.0。为改善砂的级配,可将粗、细不同的砂料分别堆放,配合使用。

2.2.4.6　住房、仓库、拌和站等准备

根据施工统一规划,拟将生活区、仓库等设置在离水闸较近的地方。根据施工人数(高峰期),拟定生活区等设置面积如下:施工管理用房160m^2;职工生活用房500m^2;职工食堂80m^2;职工浴池40m^2。

房屋结构采用红砖墙体,钢管屋架,石棉瓦屋顶,木制门窗,外墙用水泥勾缝,内墙用白灰抹面。

根据需浇筑的混凝土数量,拟订拌和站及料场面积为1 000m^2,水泥库房面积为70m^2。

根据需预制的板桩数量,拟订其预制场面积为200m^2。钢筋加工棚面积为80m^2。

根据机械数量,拟定停车场面积为300m^2,油库占地面积为40m^2。

2.2.4.7　对外交通及通信

工地配备3部手机用于对外联系。场内用对讲机联系。

2.3 施工方案

2.3.1 围堰形式

根据现场地形地质条件及××河水文情况,上下游均需修筑围堰。上游围堰位于××河主流处,需采用水中进占施工。为确保进占顺利,减小进占压力,拟将围堰上游电厂排污口处的石垛沿轴线方向用大铅丝笼接长4~5m,起到挑流作用。上游围堰拟定为堰顶宽4m,上、下游水下边坡按1:4、水上边坡按1:2.5;上游围堰临水边坡用麻袋装土防冲,铅丝笼护根,围堰顶高程378.03m。下游围堰斜穿鱼塘修筑,修筑好后作为施工便道使用;拟定堰顶宽7m,水下边坡按1:4、水上边坡按1:2.5,围堰顶高程378.03m,平均高度4.3m。

2.3.2 围堰施工

(1)水中进占。上游围堰紧邻××河主流,施工时需进行水中进占,进占的方法为:采用散石或铅丝笼(若流速较大)进占,占体顶宽3m,占体露出水面后,在临水侧码一排麻袋装土防冲。施工中,要边修占体边上后戗土,最后抛铅丝笼护根。

(2)围堰施工。上游××河主流围堰采用105kW推土机清除表层树根、杂草和有机质土及淤泥等,清除深度不小于30cm。围堰填筑由外运土填筑。采用1台挖掘机装土,8辆8t自卸汽车运土,105kW推土机铺土,14t凸块振动碾分层碾压(水面以上)。每层厚度不超过40cm,碾压遍数暂定6~8遍。碾压完成后,先进行自检,达到要求后上报监理,由监理再验收压实度,合格后才能进行下层回填。因为××河边仅有围堰一道防洪工程,所以在围堰顶准备一定量的装土编织袋备用,在桃花汛水流过大时以防备冲刷围堰。引水闸施工完成后,用挖掘机拆除围堰及延长石垛,恢复原貌。

下游鱼塘处围堰的形式与施工方法同上游围堰。因为准备把下游围堰作为施工便道用,所以围堰顶宽度定为7m。

(3)基坑排水。根据该闸的地形、地质条件及当地的气候条件,大河水位高于围堰处地形平均高程。围堰施工后,先进行基坑及鱼塘明排水,采用2台150mm泥浆泵抽水。

由于引水闸底板的最低开挖高程低于地下水位高程,且闸上游及右岸紧邻××河,需布设多组井点降水。拟定采用深水降水,配套真空泵型号为V5型。

2.4 引水闸桩基施工

2.4.1 挤密砂桩施工

挤密砂桩共207根,拟定27天完成(包括试桩时间)。从4月9日开始,到5月5日完成。

挤密砂桩施工前,首先和监理一起进行试桩试验,确定桩长及桩距等参数,以满足设计要求。试桩试验主要是为了确定其承载力能否达到要求。如不能达到要求,需采取加密等措施(或上报设计单位,进行设计变更)。

挤密砂桩布置在引水闸两岸上下游翼墙下,因分布较集中,施工时,可以和基础开挖同时进行。

砂桩施工采用振冲法施工,其工艺流程为:孔位定点—吊车和振冲器就位—打开水阀门和启动振冲器—振冲器振冲贯入地层直达设计深度—下入填料并自上而下分段振密—全孔加固结束形成一根桩—转移空位，重复进行。

造孔过程应保证振冲器呈垂直状态，其深度达到设计要求时振冲器射水压力应减小，并在孔底适当停留，以保证孔深和清孔。填料时保持小水量补给，使填料保持饱和状态。

2.4.2 钢筋混凝土板桩施工

钢筋混凝土板桩共214根，拟定18天完成(包括钢筋混凝土板桩预制的时间)。

板桩采用在现场混凝土预制厂预制。先用C15的素混凝土硬化场地。采用44套模板，当天预制好后，第二天早上拆模。预制时，先把钢筋除锈，再按图纸要求绑扎钢筋，让监理验收合格后进行混凝土浇筑。钢筋混凝土板桩预制时应做好试压块(每天3组，一组为7天自检，一组28天自检)。板桩的凹凸面应平整光滑，达到一定强度后运往施工现场。

根据该区的地质条件，钢筋混凝土板桩施工时采用2～4t打桩机打桩。施工前应做钢筋混凝土板桩的打桩试验(监理旁站监督)。

板桩打入前应试拼并编号，在桩顶应采取有效的加固措施，防止打桩过程中桩顶破裂。打桩时，从一角顺时针向另一角进行。

2.4.3 引水闸基础开挖

基础开挖共51 012m^3，拟定36天完成，强度为1 417m^3/d。

基础开挖。首先进行闸底板段施工。施工前做好开挖线的放线工作。开挖完成后，进行板桩施工及渗压计安装埋设。人工修整成型后，由监理按程序进行验收，满足设计要求后方能进行混凝土施工。

基础开挖采用挖掘机开挖并装土，自卸车运输，开挖时保留50cm厚的土用人工开挖，开挖后人工修整边坡并达到设计要求，采用2台1m^3反铲挖掘机装车，10辆8t自卸汽车运输。

2.5 引水闸混凝土施工

引水闸混凝土施工包括闸底板、闸墩、胸墙、铺盖、消力池、挡土墙、工作桥及翼墙等。闸墩、胸墙、翼墙、挡土墙模板采用大块钢模板。

2.5.1 闸底板浇筑

2.5.1.1 C10混凝土垫层浇筑

采用350型拌和机拌料，1t的翻斗车运料。2天完成其浇筑工作，然后经监理验收合格后，才能绑扎底板钢筋。

浇筑程序为：先浇筑上、下游齿墙，然后再从一端向另一端浇筑，因其厚度不大，浇筑一次成型，不留施工缝。

施工配合比严格遵守由试验确定并经监理单位批准的混凝土配料单，混凝土拌和过程中要及时测定砂石骨料的含水率，及时调整施工配合比。使用高效减水剂、缓凝剂等外加剂时，应严格控制其掺量，并将外加剂溶液均匀地配入拌和水中。拌和程序和时间应通过试验确定，超过初凝时间的混凝土不准入仓，必须作废料处理。在任何情况下，严禁混凝土在运输中加水入仓。浇筑的混凝土应用振捣器捣实到可能的最大密实度。每一位置的振捣时间以混凝土不再显著下沉,不出现气泡,并开始泛浆时为准。

混凝土浇筑完成后,应做好混凝土的养护工作。养护时间为7天。日照不强时直接洒水养护。日照强度大时,用草苫遮盖,并洒水养护,保持混凝土表面的湿润。

浇筑时,每天应及时做好混凝土试压块。试压块应做好养护,防止因养护不好而造成试压块不合格。

2.5.1.2 闸底板钢筋混凝土浇筑

浇筑前,应验收钢筋的绑扎及钢筋表面的除锈工作。在底板钢筋绑扎时,应把闸墩的受力钢筋一块进行绑扎,位置要准确(约为闸墩钢筋的70%,有23t)。一共需绑扎钢筋65t,需8天完成。钢筋先在场外焊接好后再抬入场内进行绑扎。安排30人绑扎钢筋,20人运料。

钢筋绑扎前,先将钢筋表面的油渍、漆污、锈皮、鳞锈等除净。为了保证钢筋的保护层厚度,在钢筋与模板之间设置强度不低于结构物设计强度的混凝土垫块,并互相错开,分散布置,垫块埋设铁丝并与钢筋扎紧。钢筋安装完毕后经监理工程师检查,确认合格并签发开仓证后方可安装模板、浇筑混凝土。

其浇筑程序同C10混凝土。依然采用斜层浇筑依次推进,一次成型,不留施工缝。采用一台500型强制式搅拌机和一台0.75m^3滚筒搅拌机。

混凝土水平运输采用1t翻斗车运输,运距不超过500m。垂直运输采用QY16汽车起重机吊运1m^3卧罐入仓。振捣采用ZX-50型电动软轴插入式振捣器,配套动力功率1.1kW。

2.5.2 闸墩及胸墙浇筑

引水闸边墩上宽1m、下宽1.8m,中墩宽1.0m,高7.93m,与胸墙一次浇筑完成,中间不留施工缝。需绑扎钢筋16.2t,架立模板1 360m^2,浇筑混凝土752m^3。共需18天,其中绑扎钢筋2天,立模板14天,浇筑混凝土2天。

闸墩浇筑采用5个闸墩依次浇筑,即第一个闸墩浇筑0.4m,再浇筑第二个,然后浇筑第三个,依次类推。每个闸墩上层浇筑时间与第二次浇筑时间间隔不能超过混凝土的初凝时间。混凝土水平运输采用1t翻斗车运输,垂直运输采用QY16汽车起重机吊运1m^3卧罐入仓。4台插入式振捣器振捣密实。

闸墩混凝土浇筑工艺流程为:层面处理凿毛、清洗—钢筋绑扎—模板制安—仓面验收—混凝土浇筑—养护。

钢筋制安:钢筋制作在钢木加工厂按设计及施工详图要求加工成型,并且分类堆放,挂牌标明规格、型号、部位、编号。绑扎时用汽车运至现场,人工绑扎焊接。绑扎时必须保证钢筋的搭接长度和间距符合设计及规范要求。混凝土保护层用预制好的砂浆预制块绑扎钢筋外表面控制。

模板制安:模板采用大块定型模板,其中圆弧部分则采用钢木结合模板,安拆采用16t吊车吊装。模板由面板、横围囹、竖围囹组成。面板采用大块钢板加工而成,墩头采用钢木结合模板,模板围囹用12#槽钢。面板与横围囹之间设置钢垫块,而竖围囹采用钢管,其中模板有很小部分采用平面组合钢模板平面木模板予以补齐,与大块模板连接时加设横围囹,以保证连接紧密、牢固。

浇筑前需要进行的工作有钢筋绑扎，模板安装，并用压力水冲洗模板内侧和闸墩底面，污水由底层模板上的预留孔排出。模板安装时要严格按施工详图测量放样，并有临时固定措施以保证，模板之间的接缝平整严密，也可采用胶带纸将模板纵、横缝贴补。分层施工时，应逐层校正下层偏差，使模板下端不应有“错台”，对其钢筋笼和模板验收合格后，堵塞小孔即可进行浇筑。浇筑前应对模板及钢筋自验合格后，再上报监理处，监理确认合格签字后，才能进行混凝土浇筑。

当浇筑高度大于 2m 时，为防止下落时混凝土产生离析，在仓内设置三组溜管输送。其拌和、运输、浇筑同底板。

2.5.3　门槽二期施工

在闸墩立模时于门槽部位留出较门槽尺寸大的凹槽。闸墩浇筑时预先将导轨基础螺栓按设计要求固定于凹槽的侧壁及正壁模板上，模板拆除后基础螺栓留在混凝土中。

导轨基础螺栓连接并安装、校正后，即可立模浇筑二期混凝土。二期混凝土采用较细的骨料，为防止振动已装好的金属构件，采用人工捣固，考虑到门槽较高，施工时分段安装和浇筑。

其拌和、运输、浇筑同闸底板施工。

2.5.4　铺盖、消力池、挡土墙、翼墙钢筋混凝土施工

其混凝土施工安排在闸底板施工完成后穿插施工，混凝土拌和、运输、浇筑同闸底板及闸墩施工。

翼墙分为 8 块施工。即先浇筑第一块翼墙的底板，浇筑时绑扎第三块翼墙的底板钢筋，浇筑第三块时绑扎第五块翼墙的地板钢筋，依次类推。浇筑最后一块底板时绑扎第一块翼墙的上部钢筋，采用流水作业施工法。

2.6　砌石、复合土工膜及砂垫层施工

2.6.1　浆砌石铺盖

先采用 1 台挖掘机开挖防冲槽并装土，3 台自卸汽车弃土。挖掘机开挖时预留 20～30cm 的土层用人工开挖，并修整边坡达到设计规范要求。防冲槽开挖完成后即进行干砌石工作。

复合土工膜施工：备料时，应先将窄幅粘连，裁剪成要求的尺寸。铺放应平顺、松紧适度，并应于土面密贴。相邻片应搭接 30cm，水流处上游片铺在下游片上。回填砂时，最大落高不得大于 30cm。

在复合土工膜完成一段后即可进行 20cm 的砂垫层施工，然后方能进行砌石施工。石料应选用质地坚硬、不易风化、无剥落层或裂纹的石料，其基本物理力学指标符合设计规定。

浆砌石用的水泥砂浆采用 0.35m^3 的拌和机拌料，人工胶轮架子车运输。其运距不超过 50m。砂浆配比应明确，拌和均匀，不应产生泌水和离析现象。

其砌筑方法为坐浆法：先放上砂浆，再铺上石料，石料之间的砂浆应饱满，不应有空洞现象，砌筑时大面放在下面，层与层缝要错开。

2.6.2 **海漫段施工**

开挖完成后,进行土工布的施工。

其他施工方法及要求同浆砌石铺盖段施工方法。

2.6.3 **海漫段边墙施工**

施工前应做好放线工作,挂好坡度线,请监理验收坡度线,合格后才能进行砌石施工。其施工方法及要求同浆砌石铺盖段施工。

2.6.4 **施工过程中的质量控制**

(1)严格按试验确定的配合比进行砂浆拌制,各种材料的误差不大于规范的要求。

(2)随时检测砂料的含水量,并根据含水量的变化情况,调整用水量,以保证水灰比的准确性。

(3)砂浆拌和采用砂浆拌和机集中拌和,拌和时间不少于 2~3min。

(4)砂浆随拌随用,一般在 3h 内使用完。气温超过 30℃时,在 2h 内使用完。

(5)砌石料来源经监理检验批准。材质坚实新鲜,不得有剥落层或裂纹,石材表面无污垢、水锈等杂质。

(6)现场砂浆取样,以抗压强度检验,同一标号 28d 每 $200m^3$ 砌体取成型试件一组 3 个,设计龄期每 $400m^3$ 取成型试件一组 3 个。

(7)当最低气温在 0~5℃时,已成浆砌石采用覆盖保温保护;气温在 0℃以下或在 30℃以上,以及遇大雨天气,停止砌筑,并采取措施防止雨水冲刷已成的砌面。

(8)施工时应保证砂垫层及砌石的厚度和砌石顶面的高程与切面的平整度。

2.7 金属构件安装

引水闸金属结构安装有闸门、启闭机。

2.7.1 **闸门安装**

本引水闸共有闸门 4 个,每个安装需 2 天完成,共需 8 天安装完毕。在闸墩及工作桥、交通桥的混凝土强度达到设计强度时,即可进行闸门安装。

引水闸为平面滑动钢闸门。在闸门制作安装时,应对闸门进行质量监督及检验。

平板闸门埋件包括底槛、主轨、反轨、侧轨及门轨。均采用二期混凝土埋设。

闸门整体或分节运至工地后进行组装,然后采用 QY16 汽车起重机吊装整扇门入闸门槽安装。

2.7.2 **启闭机安装**

电动螺杆启闭机需在闸门安装结束后才能正式安装。安装时仍采用 QY25 汽车式起重机吊装。

2.8 土方回填

土方开挖到位后,混凝土建筑物达到一定强度时进行土方回填。

回填前应对土料场做干容重试验。回填应分层回填碾压成型,其施工及验收过程同围堰。靠近混凝土建筑物的地方用蛙式打夯机夯实。

2.9 施工总进度计划

施工总进度计划表略。

2.10 主要施工机械设备和人员计划

工程主要施工机械设备表略。

工程主要施工人员表略。

2.11 质量、工期保证措施

2.11.1 质量保证措施

(1)质量目标:确保合格,争创优良。

(2)本局的质量方针是"技术先进、管理科学、施工精心、顾客满意"。为此,在施工过程中,坚持以科学的管理求得效益,建立完善的质量保证体系,将质量责任落实到人,并接受业主、监理及社会各界的监督指导,确保工程质量。

(3)配备有丰富施工管理经验的项目经理、项目副经理及强有力的施工队伍进行施工,配备专职的测量工程师进行放线工作,确保质量。做好施工技术交底工作,保证施工人员目标明确,有的放矢。

(4)在该项目的质量管理上,实行三级质量检查制度,即班组自检,施工队复检,项目经理部终检。确保每道工序经监理验收合格后,再进行下道工序工作。

2.11.2 工期保证措施

(1)项目部明确工期要求,及时制定切实可行的施工计划,搞好组织动员,做好各项施工准备工作,及时掌握施工动态,确保工程按计划进度施工。

(2)精心组织施工技术队伍,配备华卡全站仪及专业测量工程师进行测量放线工作,确保工程按设计图纸施工,减少不必要的误工。

(3)机械设备留有20%的备用,并配备足够机械修理工,做好机械的日常保养及维修工作,确保机械出勤达80%以上。

(4)合理安排作业时间和作业班次,配备足够的机械操作员,考虑夜间施工,确保工程进度。

(5)财务物资部要做好各种材料的供应工作,储油罐要保证足够的储量,以保证机械设备的正常运转。

(6)综合办公室要做好职工的后勤保障工作,保证职工有足够的精力,全身心地投入工作之中。

2.12 安全及环境保护措施

2.12.1 安全保证措施

(1)安全目标:确保无安全事故发生。

(2)建立健全安全生产保证体系,成立以项目经理部为首的安全领导小组,配备专职的安全员。

（3）坚持安全第一、预防为主的方针，做到防患于未然，进行安全教育与安全检查，做好每天的安全技术交底工作。施工人员（包括司机）持证上岗，文明用语，规范施工，工地设立醒目的安全标志牌及各种标语，形成良好的工作氛围，鼓舞职工士气，树立企业形象。

（4）制定出一套切实可行、有效的施工安全制度和安全操作规程，加强安全消防教育，配备一定数量的消防器材及必要的安全生产设施。

（5）做好卫生防疫工作，建立施工人员健康档案，防止各种传染疾病的蔓延。

（6）建立会议检查评比制度，每周进行一次安全质量、文明施工的综合检查及评比活动，并有一定的奖惩制度，以充分调动职工的积极性。

2.12.2 环境保护措施

（1）加强环保工作的宣传、落实力度，配备专职人员在项目经理的直接领导下，负责本标段的施工区环境工作的统一管理、监督、检查与协调工作。

（2）严格遵守国家和地方有关的环保法规、法令，自觉接受当地环保部门对环保工作的监督、指导与管理。

（3）施工采用相应措施，对施工区进行必要的洒水，保证工地及附近环境免受施工引起的噪音、粉尘等的污染，按照施工区、生活区分别对垃圾进行处理。施工结束后，对施工现场进行清理和恢复原貌工作。

2.13 后勤保障措施

（1）在项目经理的领导下，由综合办公室、材料科、技术部三个部门联合搞好后勤保障工作。

（2）工程技术部要提前做好施工方案的编制工作，经项目经理审核报监理工程师批准后实施。

（3）根据工期编制下一阶段的生产计划，确定其设备、人工、材料需求量，报材料科采购，确保及时供应。

（4）综合办公室要协调与当地政府群众的关系，保障工程顺利施工，做好伙食的改善工作及职工生活福利的发放工作，保障工程文明施工。

3　防洪堤工程施工组织设计

3.1　编制依据

(1)××市段防洪工程设计施工图纸招标文件。

(2)国家及省、市有关建筑、水利水电施工规范、标准及法律、法规。

3.2　编制原则

3.2.1　安全第一、质量优先

坚持"技术可靠、措施得力、安全第一、质量优先"的原则,在安全措施落实到位、技术方案可靠、质量有保障、确保工程万无一失的前提下组织施工。施工中强化标准化管理,控制成本,控制工程造价;针对实际情况进行最优方案选取;在保证质量的前提下,合理安排进度,确保实现工期目标。

3.2.2　科学配置、经济合理

坚持"科学组织、合理配置、优化方案、节约投资"的原则,选派具有丰富施工经验的管理人员和技术人员。上专业化施工队伍,投入高效、先进的施工设备,匹配合理;对工程项目的关键工序进行多方案的比较、分析、确定。优化施工方案、强化质量管理、降低工程造价、缩短工期。

3.2.3　合理布局、优质高效

坚持"避免干扰、就近布置、方便使用、优化设置"的原则,在规定的施工范围内合理布置临时设施;积极贯彻执行 ISO9002 质量体系标准,推广、使用新技术、新工艺、新方法、新材料,确保创优规划和质量目标的实现;积极推行较先进项目管理模式,调动现场人员的积极性,确保优质高效地完成工程施工任务。

3.2.4　均衡生产、确保工期

坚持"科学管理、统筹安排、强度均衡、留有余地"的原则,合理安排进度,网络控制,搞好工序衔接,实施进度监控,确保实现工期目标。

3.3　工程概况

本工程包括××市段 2004 年防洪工程北马兰庄(桩号 0+177)至倪屯(桩号 6+900)右堤堤段防渗工程、坡脚防冲刷工程、迎水面护砌工程、背水坡的修筑工程。共分 22 个标段,各标段桩号详见工程量清单。各段大堤砂卵石土方填筑料取自滦河河滩。

本标段合同编号为 LHQANFH04-A(04),桩号 1+060~1+380。

3.4 水文气象及工程地质

3.4.1 水文气象

××市以上滦河流域属温带半湿润大陆性季风气候,夏短炎热而多雨,冬长寒冷而干燥,冬春受极地大陆气团控制,气候干燥,雨雪稀少,6~9月气候湿润多雨,为本流域的雨季。市区多年平均气温在12.8℃,极端最高达36.8℃,最大风速19m/s,风向WSW。流域内多年平均降水量自上而下400~800mm,降水量分配不均匀,年降水量的70%集中于汛期(7、8月份),且多以暴雨的形式出现。××市范围内的多年平均降水量为680mm,市区最大日降水量为251.1mm,发生在1962年。

3.4.2 工程地质

工程区地层岩性主要为第四纪全新统冲洪积物及太古界三屯营组混合片麻岩。履盖层岩性以粉土、粉砂及厚层卵石为主。新建堤防的地基岩性主要由表层耕植粉土或黏土、粉细砂及厚层卵石组成。

3.5 工程目标

(1)质量目标:总体质量为合格。

(2)工期目标:115日历天,计划2004年2月22日开工,2004年6月15日竣工。

(3)安全生产文明施工目标:市级安全文明施工工地。

3.6 施工组织机构

按项目法施工管理要求,结合本工程特点、规模、施工条件及本单位以往管理经验,选派曾参加类似工程建设,素质高、经验丰富的管理人员、技术干部、技术工人承担该工程建设。该工程将作为本单位的重点工程,接受工程局的直接管理。

我局本部成立由局长挂帅的项目领导小组对本工程进行宏观管理,并对该工程资金、设备、技术各方面给予全力支持。职能部门对工程进行对口管理。

局工程管理部对阶段性施工技术措施提前组织局各“专业总工程师”参与确定主要施工技术方案和措施。并参与工程年、季度计划确定,每月检查月计划执行情况。参与制定重要单项工程进度计划。

局物资设备管理部提前调配、采购工程所需的开挖和混凝土施工机具设备。

局财务部依工程进度情况对工程流动资金给予支持,每月核控工程施工成本;局人事部依工程施工所需提前组织缺口的专业施工人员进场。

本工程项目部在局长授权下对本合同工程进行全面管理工作。该项目部经理负责全面工作,另设副经理2名、总工程师1名协助项目经理工作。另外设咨询专家组和技术顾问组对工程中的重大技术问题进行研究和指导。咨询专家组分阶段进驻工地进行研究和指导。技术顾问组成员由我局水电施工经验丰富的各专业专家构成(见图3-1)。

根据本工程施工特点,项目下设有土方作业班,主要负责土方开挖及回填;机械运输班,主要负责土方和砌石等运输;综合作业班,负责土方、砌石和整个施工现场水、电、临时施工道路维修。施工高峰期需劳动力150人左右。

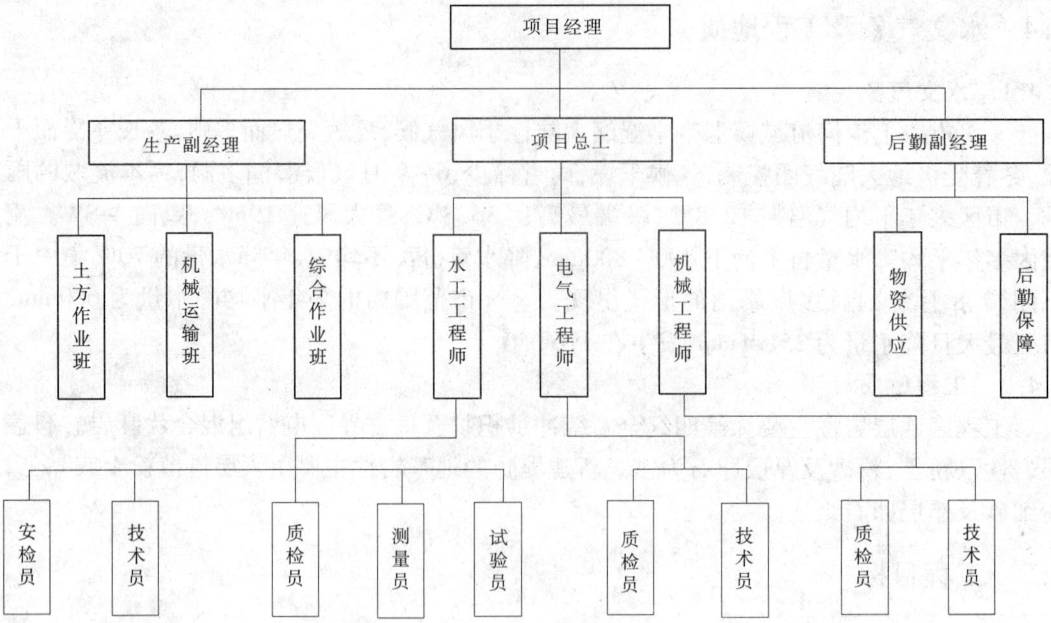

图 3-1　项目部组织机构图

3.7　主要施工程序

根据本工程特点及现场的具体情况,合理安排施工工序、选择最优的施工方案、出渣路线及填筑道路,保证所有施工机械设备的利用率和完好率。为确保施工进度和工程质量,针对本工程的特点,简要介绍主要施工程序如图 3-2 所示。

3.8　施工方案

3.8.1　表土及垃圾清理

采用推土机对表土进行清理,清理后的有机土统一堆放在指定地区,用于工程的环境保护。

施工区内的垃圾,用反铲装、自卸汽车运至指定的弃渣处。

3.8.2　土方开挖施工

根据施工条件,采取自上而下分层开挖,在开挖前首先把面层集水引向开挖区之外。有结构要求的底部采用人工进行开挖 。

3.8.3　土方填筑

采用“后退法卸料、进占法摊铺”的填筑方法。

填筑时分层分段进行流水施工,填筑厚度拟定为 0.3cm,碾压搭接宽度不小于 1.0m,料之间的接合坡为 1:1.3。坡面上的铺料宽度比设计宽度大 30 ~ 50cm,以满足填筑密实及削坡要求。用 14t 以上的振动压路机碾压,局部采用蛙式机夯实。

3.8.4　浆砌石

浆砌石工程护坡每隔 15m 设一道三油两毡变形缝。

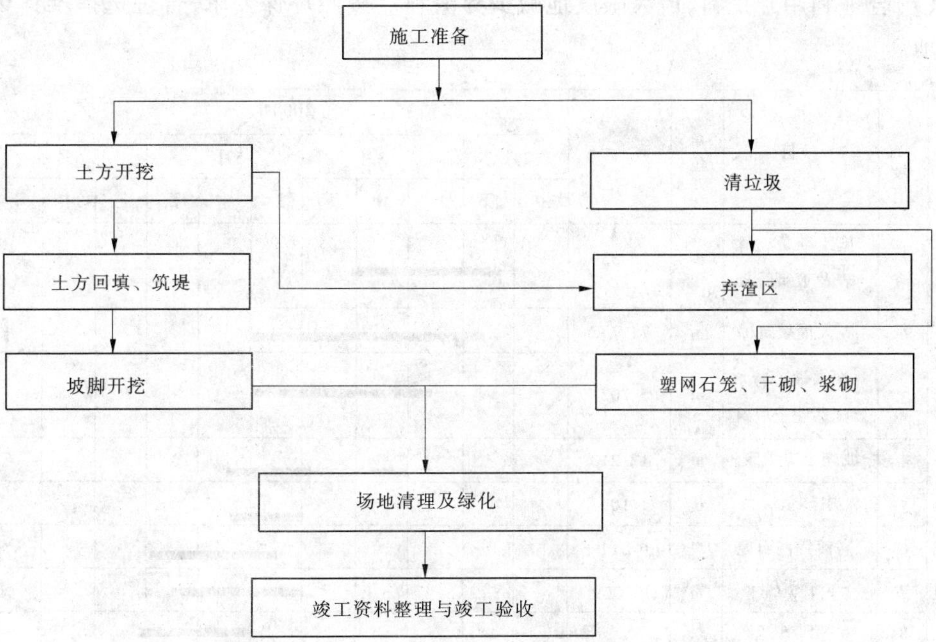

图 3-2　施工程序框图

按设计宽度砌筑,干砌石采用毛石砌筑料,砌筑时采用层与层错缝锁结方式进行铺筑。护坡表面砌缝的宽度不大于 25mm。

砌石边缘要顺直、整齐牢固。砌体外露面的坡顶和侧边要选用较整齐的石块砌筑平整。所有前后的明缝均要用小片石料填塞紧密。

3.9　施工进度计划

本工程招标单位招标计划开工日期为 2004 年 2 月 22 日,竣工日期为 2004 年 6 月 15 日,历时 115 日历天。我单位承诺 2004 年 6 月 3 日完工,提前工期 13 天,在此工期内按质、按量全部完成施工任务。详见施工进度计划横道图(见图 3-3)。

3.10　施工总平面布置

3.10.1　施工总平面布置的内容

本标段施工总平面布置主要包括施工场内临时道路,施工临时供水、供电和生活、办公设施等。

3.10.2　施工总平面布置原则

(1)以施工区场地自然条件为依据,充分利用发包方提供的征地范围和设施。

(2)临时设施的规模在满足工程施工强度的同时,尽量减少占地面积。

(3)按照招标文件的要求,布置合理紧凑,方便施工,减少干扰,标志明确,易于管理。

(4)有利于生产,方便职工生活,保护周边环境。

(5)结合工程实际条件,对主要施工系统进行优化处理。

(6)场内交通线路简捷,避免干扰,运输方便。

(7)合理利用开挖料,最大限度地减少弃渣料。按照环保要求,合理选择堆料场及弃料场地。

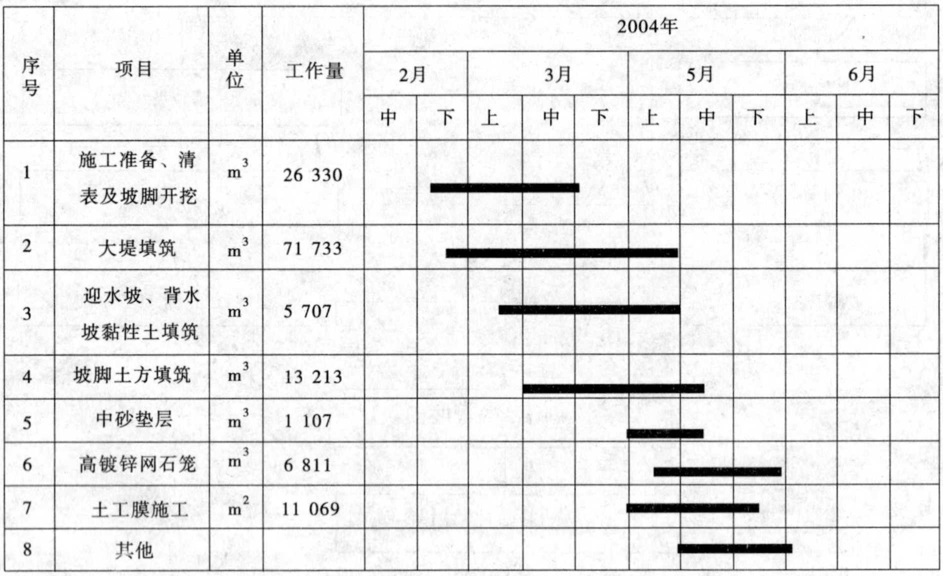

图 3-3　施工进度计划横道图

3.11　施工临时设施布置说明

(1)施工临时道路布置在上游左岸复堤脚外侧,路宽 6m,总长为 350m。

(2)施工临时生活区布置在上游左岸外侧甲方指定用地范围内,内设宿舍、办公区及食堂。

(3)施工临时用电采用网电,按照发包人的要求将 10kV 线路引至施工现场,安装 100kW 变压器一台。

(4)施工临时用水采用水车拉水,生活区设水箱。

(5)在本标段中部位置设一砂浆搅拌站,内设 2 台砂浆搅拌机。

3.12　质量保证体系及措施

3.12.1　质量方针及目标

以人才为根本,以科技为支撑,以法规为准则,不断提高员工素质,严格过程控制,持续改进质量管理体系,为顾客提供满意的工程产品和优质服务。

3.12.1.1　局质量目标

工程竣工验收合格率 100%,单位工程优良率 85% 以上,分项工程合格率 100%,工程回访服务率 100%,工程合同履约率 100%。

用我们的宗旨和行动,保证工程质量达到或超过合同要求,赢得顾客的信任。

3.12.1.2　本工程质量目标

(1)单元工程合格率 90%,单元工程优良率 80%,杜绝各类重大质量事故。

(2)全面满足《建筑工程质量检验评定标准》、《地基与基础工程施工及验收规范》、《土方与爆破工程施工及验收规范》、《水电站基本建设工程验收规程》等规定。

(3)工程技术资料真实、准确,全面满足水利水电工程资料管理规程的要求。

(4)按照施工现场综合考证工作暂行规定的要求,综合考评分质量部分得分率不低于85%,并且基本项目无不合格项。施工现场达到文明安全样板工地要求。

(5)工程签定合同后,全面达到工程施工合同中关于工程质量的约定等级。

(6)工程交付使用后,按照保修合同要求,保证工程保修和工程质量回访,提供优质服务。

3.12.2 质量保证体系

(1)局质量保证结构示意图见图3-4。

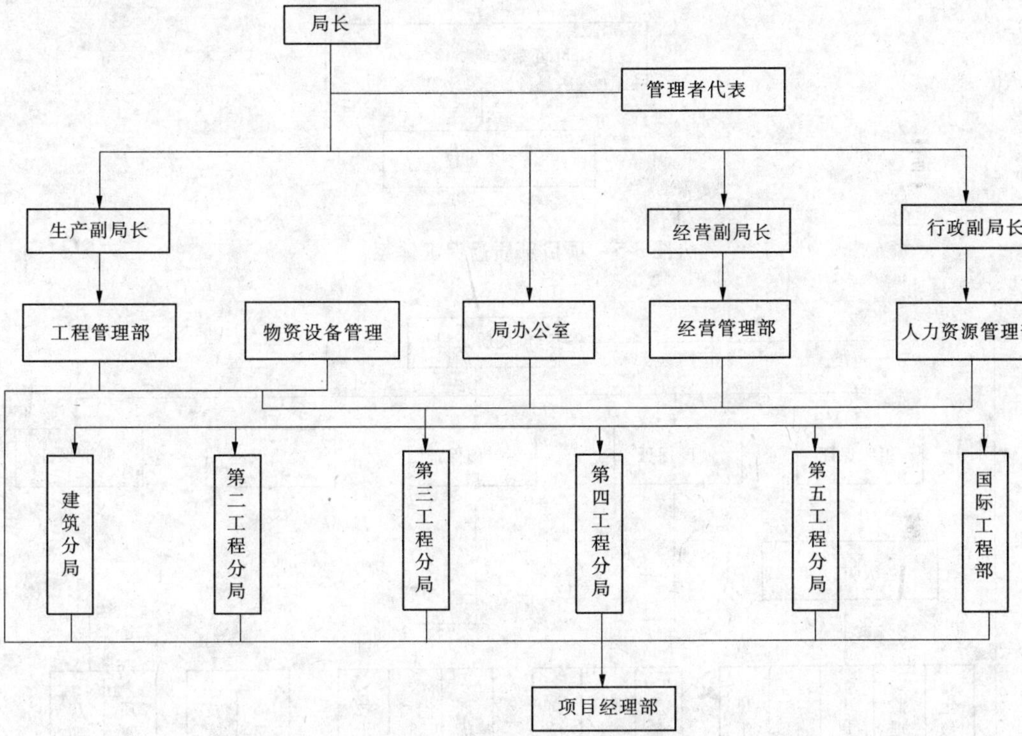

图3-4 局质量保证结构示意图

(2)项目部质量保证体系见图3-5。

(3)工程创优保证体系见图3-6。

3.12.3 质量保证措施

3.12.3.1 质量管理制度

(1)质量活动日制:每周三定为质量活动日,在当天组织质量专题会,实施质量联检、评比。

(2)质量否决制度:坚持质量一票否决制,管理人员所负责的质量方面出了问题,扣发奖金;施工分项没有达到规定标准,不预拨付工程款、工程量不得确认;质量没把握,不得继续施工。

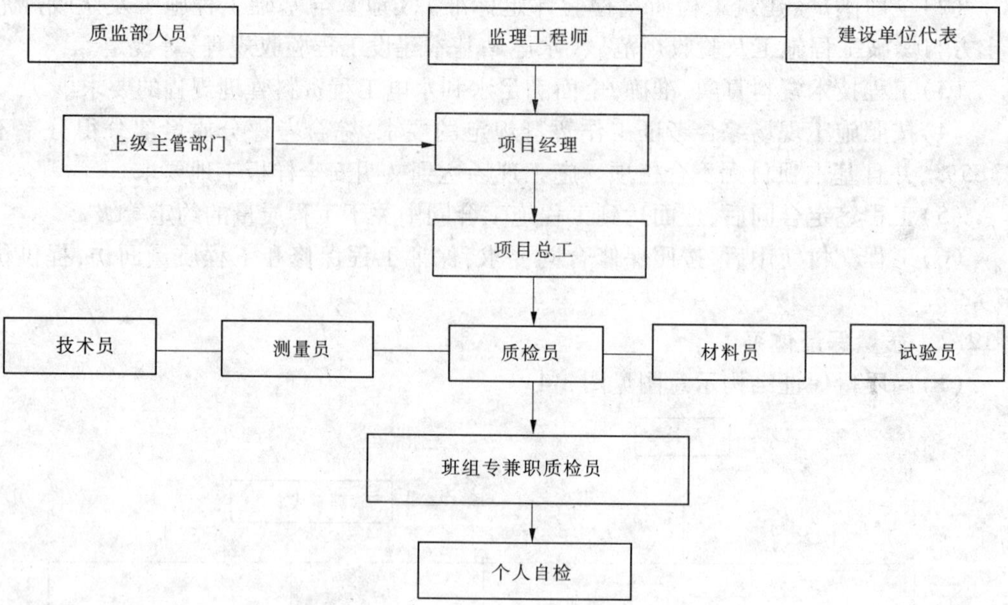

图 3-5　项目部质量保证体系

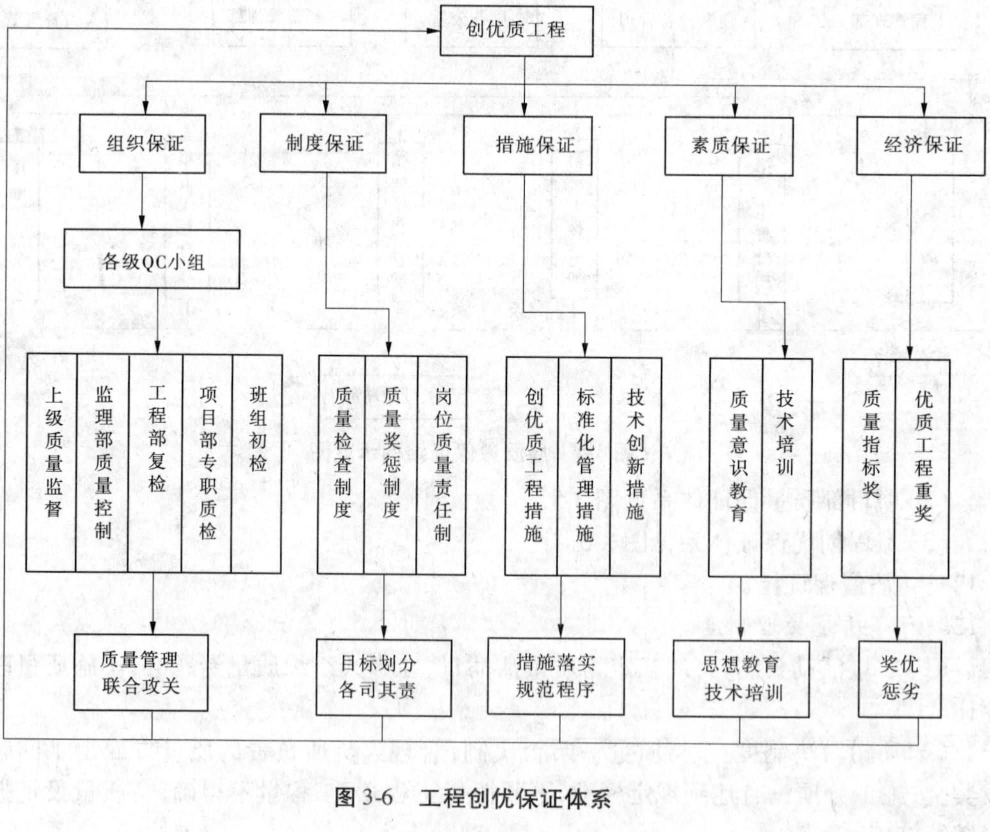

图 3-6　工程创优保证体系

(3)坚持样板制:所有工序施工前,必须先做样板,经各有关人员验收合格后,方可进行工序的大面积施工。

(4)坚持"三检制":班组要设自检员,施工队设专检人员,每道工序都要坚持自检、互检、交接检,否则不得进行下道工序。

(5)坚持方案先行制:每项工作有实用有效的书面技术措施,否则不得施工。

(6)坚持质量合格证制:每个部位施工完,应由质检人员进行检查,标出作业人员、质量数据及质量等级,合格部位贴上质量合格证,不合格者返工重做。

(7)坚持审核制:每一项工作至少有一个人进行审核,特别对技术措施及施工实施,必须多道把关、双重保险。

(8)坚持标准化制:对工作做法,日常工作程序要制定标准。使之整齐划一,不得人为改动。做到事事要标准,人人按标准。

(9)坚持质量目标管理制:根据本工程质量目标,制定详细的阶段目标及分部、分项工程质量目标,确保质量总目标的顺利实现。

3.12.3.2　主要保证措施

(1)认真贯彻"百年大计,质量第一"的方针,为用户着想,为业主服务,坚决服从监理工程师的监理和指导,认真组织施工,确保工程优良。

(2)执行项目法人责任制,项目法定代表人对工程全权负责。按局质量保证手册、程序文件的要求,严格执行岗位责任制和相应的管理制度。

(3)认真执行"三检制"(自检、互检、交接检)。质检机构按三级设置(班组初检、工长复检、项目部终检),各级相应配置专(兼)职质检员,各级质量机构严格把关,严格行使质量否决权。

(4)项目总工程师组织有关人员在开工前拟定详细的工程质量计划,工程质量检查项目划分及其质量计划,报送监理工程师审批。施工全过程采用零质量问题全过程质量控制,以工作质量保证工程质量。凡达不到工序质量标准的坚决返工,以工序质量保证分项、分部工程质量,最终保证单位工程质量和整个工程质量。

3.12.3.3　过程控制

(1)严格原材料、构件、中间产品质量和进场的检验和试验制度,坚决杜绝使用不合格材料、构件、设备。

(2)在工程施工中采用零质量问题管理法,对工序管理点进行控制,其做法是:画出工序流程图,在图上标明控制点,再在控制点明细表上写出各点的质量要求,按各点容易出现的质量通病,预先写出预防措施。按预防措施要求把质量问题提前消灭,不容其出现。

(3)认真贯彻执行《水利水电工程质量管理若干规定》、《水利水电工程质量检验评定标准》和局质量保证手册和程序文件,及时进行隐蔽工程、分部分项单位工程的检验评定,做到工程进展与资料同步进行,并报请监理工程师进行验收。

(4)在本工程中全面贯彻ISO9002质量管理精神。严格控制好材料质量、采购质量、过程中各环节的质量控制,严格材料的检验和试验制度。单项工程每道工序皆以优良为目标,否则返工重新施工。

(5)项目部制定检查计划，报上级主管部门批准后严格执行，上级主管部门重点控制，项目质检员每道工序（预检、隐检、评定）均检查，达不到优质标准不进行下道工序。

(6)施工中加强对操作人员教育，学习规范、规程、图纸要求及国家验评标准。

(7)质量工作为碰头会及各种会议的议程之一，党政工团齐抓共管，各部门工作围绕着本工程创优而开展工作。

(8)项目总工领导技术人员与操作人员提前研究质量通病，并制定防治措施，使之消灭于未然。

(9)在职工中开展全面质量管理知识教育，努力提高职工的质量意识，建立班组QC小组，开展QC小组活动，实行质量目标管理，以一流的质量、一流的速度、一流的技术、一流的管理，创建优质工程。

(10)认真落实技术岗位责任制和技术交底制，每道工序施工前一天，由技术人员进行技术、工艺、质量的详细交底，交接双方必须在书面交底资料上签字。对新材料，使用前先进行试验，掌握其性能特点后再大面积施工。采用新工艺前，首先对操作人员进行技术培训，考试合格后方能上岗。

(11)认真做好施工记录、验槽记录、隐蔽工程记录等，及时办理各种验收签证手续，定期检查工程质量，保证资料的收集、整理。

(12)原材料进场必须有材质证明或复验报告，各种器材、成品、半成品进场必须有产品合格证，无证材料一律不准进场，对有疑义的材料先进行复验，试验合格后再使用。

(13)推行质量终身制管理模式，实现所干工程一次成优的目标。

3.13 保证工期的组织措施

3.13.1 施工进度保证组织体系

施工进度保证组织体系见图3-7。

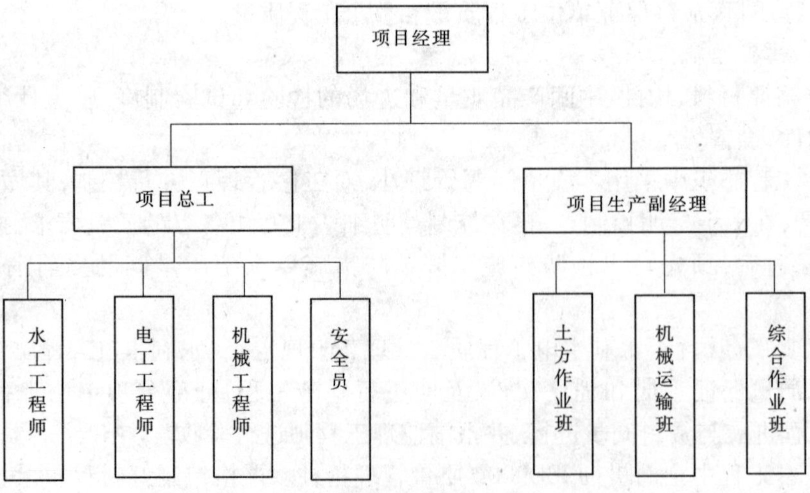

图3-7 施工进度保证组织体系

3.13.2　工期控制

工期控制见图 3-8。

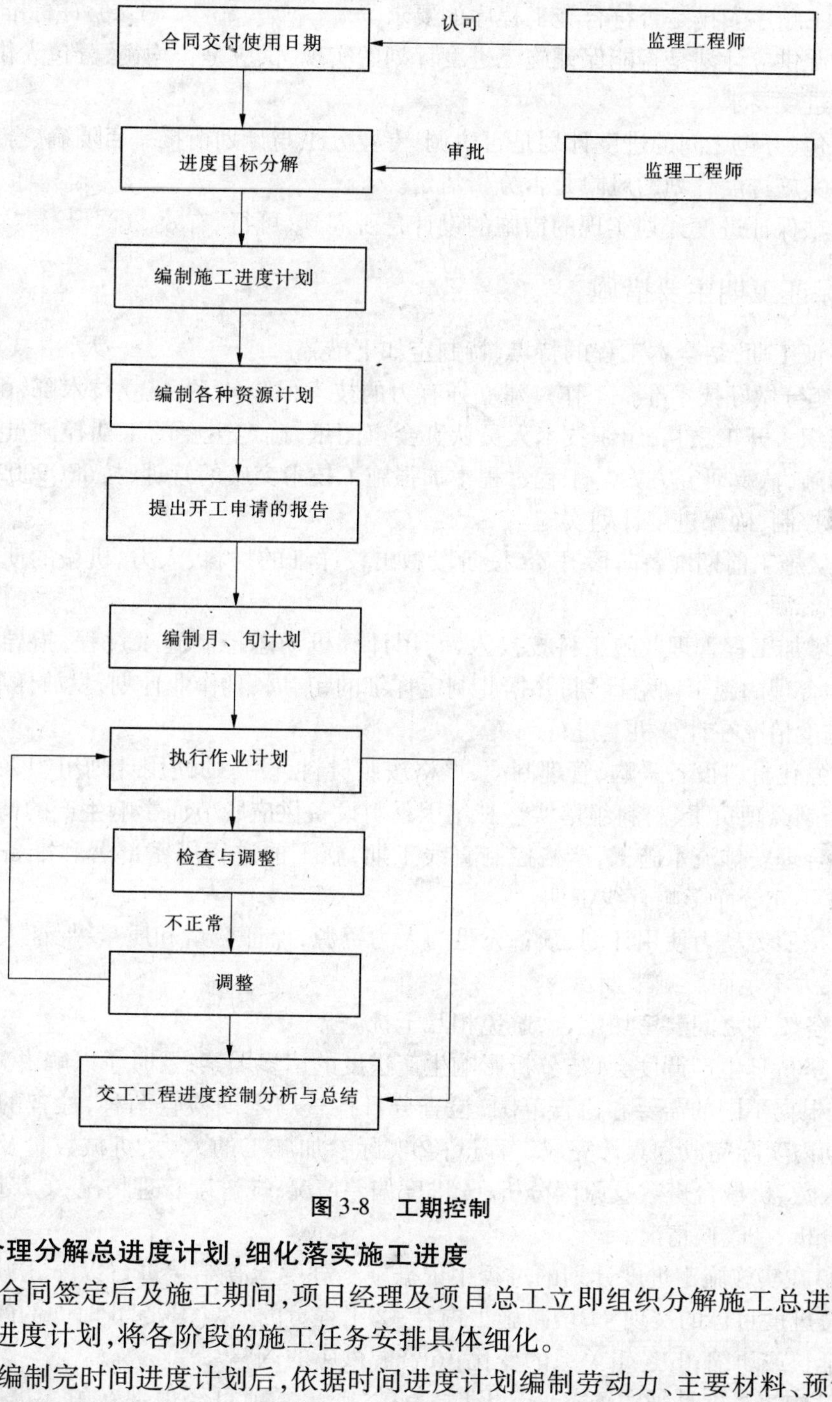

图 3-8　工期控制

3.13.3　合理分解总进度计划，细化落实施工进度

(1)在合同签定后及施工期间，项目经理及项目总工立即组织分解施工总进度计划，编制月、旬进度计划，将各阶段的施工任务安排具体细化。

(2)在编制完时间进度计划后，依据时间进度计划编制劳动力、主要材料、预制品、半成品、机械设备资源需要量计划，编制进度控制措施计划，编制资金收支预测计划。

(3)施工进度计划细化完成后，报本企业工程部审核，主要审核以下内容：

①进度安排是否符合施工合同确定的建设项目总目标和分目标的要求。

②施工总进度计划的内容是否遗漏。

③施工顺序安排是否符合施工程序的要求。

④资源供应计划是否能保证施工进度计划的实现,供应是否均衡,分包人供应的资源是否满足进度要求。

⑤总包、分包之间的进度计划是否协调,专业分工与计划衔接是否明确、合理。

⑥对实施进度计划的风险是否分析清楚。

⑦各项保证进度计划实现的措施的设计是否周到、可行、有效。

3.14 保证工期主要措施

为保证工期,结合本工程的特点,特制定如下措施。

(1)充分做好技术准备工作。建立强有力的技术保障体系,成立技术部,由项目技术负责人组织。开工之初,组织技术人员认真会审图纸,确定主要的工期控制点,制定具体的解决措施,认真研究方案。工程过程中加强施工技术交底的管理,按ISO9002质量标准进行过程控制,确保进度计划实施。

(2)从施工前期准备阶段开始,按阶段做出较详细的材料、人力、机械的使用计划,准备好各种资源。

(3)增加工程管理及施工科技投入,利用计算机动态控制施工过程,指导施工生产。制定科学合理的施工网络计划,并据此制定详细的旬、周、日作业计划,发放任务单。每周按实际进度情况在计算机上进行调整。

(4)强化材料设备采购、管理制度,严格按照材料、设备的使用计划组织采购或租赁,并由生产副经理负责,材料组落实。杜绝因材料设备供应脱节而影响生产的情况发生。

(5)合理安排流水施工,严格控制直线工期,施工前进行周密部署和准备,防止由于准备工作不充分而影响直线工期。

(6)按照劳动力使用计划,预备充足的人力资源,保证数量和质量,保证人员的稳定。防止因人力不足而影响工期。

(7)各工种之间要密切配合,避免相互干扰。

(8)坚持日生产调度会议,分析影响生产进度的诸多因素,及时予以解决。

(9)根据不同的需要和检查范围,检查分日检查与定期检查两种,检查的内容包括:①检查期内实际完成和累计完成工程量;②实际参加施工的人力、机械数量及生产效率;③窝工人数、机械台班数及原因分析;④进度偏差情况;⑤进度管理情况;⑥影响进度的特殊原因分析;⑦气候情况。

(10)在实施施工进度计划的过程中依据施工进度检查结果进行以下几方面的调整,以保证总进度目标的实现:①增减施工内容;②工程量的增减;③起止时间的改变;④持续时间的延长或压缩;⑤逻辑关系的变化;⑥资源供应的调整。

(11)施工进度计划的调整做到及时、有效、形象。项目经理部在施工进度计划完成后,及时进行施工进度控制总结,以利于进度的控制。

3.15 保证安全的措施

3.15.1 安全生产目标

(1)杜绝因工伤死亡和重伤事故,负伤频率控制在6‰以内。

(2)及时清除重大事故隐患,隐患整改率达到100%。

(3)不发生中毒和重大机械损坏事故及火灾事故。

(4)安全文明达到"安全生产文明施工工地"标准。

3.15.2 安全生产保证体系

安全生产保证体系见图3-9。

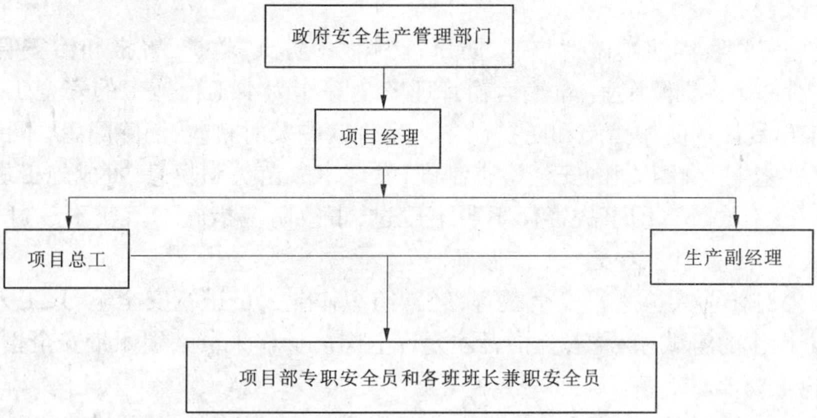

图3-9 安全生产保证体系

文明安全领导小组是项目文明施工、安全生产的最高权力机构,负责对工程项目安全生产和劳动保护的方针、政策、法令及上级有关规章制度、指示的贯彻执行,并组织检查实施情况,及时解决施工过程中的问题。

成立安全文明施工领导小组,由项目经理任组长,由总工、各施工队队长兼职安全员和项目部专职安全员等组成。

专职安全员是本工程安全生产专职管理人员,负责协助队长开展各项安全生产业务工作,随时向文明安全领导小组汇报安全生产情况,组织和指导各施工班组进行安全生产,行使安全生产监督检查职权。

3.16 安全技术保证措施

3.16.1 一般规定

(1)认真贯彻执行"安全第一,预防为主"的安全方针,安全工作实行谁主管谁负责的原则。

(2)建立健全生产管理小组和安全保证体系,做到时时讲安全,人人管安全,自上而下形成安全管理网络。质量安全部聘用2~3名事业心强、懂业务的专职安全监察员,每个施工队配备1名专职安全员、1~2名兼职安全员,做到每班作业都有安全员。安监人员每天巡视作业面,检查施工现场的安全情况及是否有违章作业的情况,一旦发生及时制止。施工班组班前讲清注意事项、班后讲评安全，把事故消灭在萌芽状态。

(3)加强安全生产教育，提高全员安全意识，树立“安全为了生产，生产必须安全”的思想。重点进行四方面的教育，即主人翁责任感和安全第一的教育，安全基础知识和技能的教育，遵守规章制度和岗位标准化作业的教育，文明施工教育。坚持班前交代安全工作注意事项，班中检查安全执行情况，班后讲安全工作，同时开展安全检查评比竞赛活动，定期公布评比情况，并与经济分配挂钩，举办安全生产展览，张贴安全生产标语，贴挂各种安全标志，激发全员安全工作自觉性，把事故消灭在萌芽状态。

(4)建立安全岗位责任制，做到奖惩分明，引入竞争机制，明确分工，责任到人。安全知识教育重点加强“三防”知识教育，即防止自己伤害自己，防止他人伤害自己，防止自己伤害他人。

(5)在施工过程中认真做到防火、防毒、防噪声、防洪、救护、警报和治安管理等的安全措施，特别是要将机械作业、车辆运输管理安全等作为本工程施工的安全工作重点，并按工种制定出具体的防护措施和防护设备。发现问题及时整改，消除隐患，不留死角。

(6)坚持定期或不定期的安全检查制度，发现事故苗头和隐患，责成施工班组立即整改，并做到“三不放过”，即事故责任不明不放过，事故防范措施不落实不放过，职工未受到教育不放过，切实把施工安全工作做好。

(7)加强对作业人员进行安全教育，经常组织作业人员进行安全学习，工人上岗前必须进行安全操作的考试和考核，合格者才允许上岗。操作人员必须佩带安全帽，无安全帽不准进入施工场地。

(8)遵照《水利水电建筑安装安全技术工作手册》制定各工作面、各工序的安全生产规则，严格执行危险作业人员持证上岗制度。

(9)加强全员安全培训，提高全员素质，杜绝违章指挥、违章操作，盲目蛮干。

(10)施工现场设急救站，并与附近医院建立联系，以确保事故发生时能及时进行抢救。

3.16.2 施工现场临时用电安全规定

现场电缆的敷设和保护措施如下：

(1)现场临时用电，主电源线电缆、分路电源电缆采用直埋地下敷设。

(2)敷设时应先检查电缆的绝缘是否符合要求，实施敷设作业，待作业完成后，再次摇测绝缘电阻，合格后(大于10MΩ)再送电。

(3)电缆接头应牢固可靠，并做好绝缘包扎，保证绝缘强度，直埋电缆接头应引出地面。

(4)电缆的埋深距地面不小于0.6m，电缆上下铺100mm厚的细砂，上面盖砖用土填实，电缆穿越道路及热力管道等时应做好防护处理。

(5)电缆进出配电箱处排列整齐有序，做好电缆头并固定在配电箱上，在固定支墩中加保护套管。

3.16.3 施工配电箱和开关箱的规定

(1)施工用电采取分级配电，分总配电箱、分配电箱和开关箱三级设置。

(2)总配电柜设置在离电源较近处，分配电箱设置在用电设备或负荷相对集中的地方,分配电箱与开关箱的距离不得超过30m,开关箱和该箱控制的电气设备相距不得超过3m,在配电箱或开关箱的周围应有两人同时工作的足够空间和通道,不要在箱旁堆放建筑材料或杂物。

(3)现场动力配电箱与照明配电箱要分别放置,便于使用。如果要用混合箱,须把动力线路与照明线路分开。

(4)开关箱应由末级分配电箱配电,注意开关箱内的控制设备不可一闸多用,每台用电设备应有各自的开关,临时用一会儿也要单机单闸,严禁用一个开关电器直接控制两台及两台以上的用电设备。

(5)配电箱的安装要端正、牢固,移动式配电箱安装在坚固支架上。固定式配电箱开关箱的下底与地面的垂直距离应大于1.3m且不高于1.5m,过高或过低都不利于操作。移动式配电箱的下底与地面的垂直距离应大于0.5m且不高于0.6m,铁配电箱的铁皮厚度应大于1.5mm。

(6)必须把配电箱金属箱体、金属电气安装极和箱内电气不应带电的金属底座、外壳等作接地保护。

(7)配电箱内的电器应有认证标志,质量必须可靠,完好无损。

(8)配电箱内应有电气系统图,各回路开关电器和电缆应有标牌注明回路或用点设备名称。

(9)现场人员比较多,配电箱的箱门要上锁,要有专人负责以防止非电气工作人员误操作,而且每个月至少要检查和维修一次配电箱。检查和维修人员必须是有电工上岗证的专业人员,有技术岗位证书。必须按规定穿戴绝缘鞋、绝缘手套,必须使用电工专用绝缘工具。在检查和维修各种配电箱时,应把前一级相应的电源断电并悬挂停电标示牌,一般情况下不得带电操作,以防出现意外情况。

(10)各种配电箱的常规操作顺序如下。送电操作顺序:总配电箱→分配电箱→开关箱。断电操作顺序:开关箱→分配电箱→总配电箱。注意,如果出现了紧急情况,要按实际情况决断,不一定按常规做法。之所以规定常规操作顺序,是为了避免影响其他设备,以策安全。在施工现场停电作业1小时以上时,应将动力开关箱断电上锁。

3.16.4 手持电动工具的技术措施

(1)手持电动工具的电源线必须按其容量选用铜芯线橡皮护套软电缆,其性能应符合《通用橡皮护套软电缆》(GB1169—74)的要求,其相色分别用黄、蓝、绿、黑代表L1、L2、L3、N线,而黄、绿双色线必须作专用保护零线(PE线)。

(2)供手持电动工具用的开关箱内应安装短路保护、过负荷保护、漏电保护器,电动工具的外壳应做好可靠的接地保护。

3.16.5 电焊机注意事项

(1)接线务必正确,焊件要和大地有良好的接触。

(2)手柄和电缆线的绝缘良好。

(3)电焊工要持证上岗,并经技术和安全考试合格后方可焊接,操作时要戴必要的防护用品。

(4)施工现场用电焊机应注意勿使火星引燃物体,电焊机附近不得存放易燃易爆物品。

(5)交流电焊机的变压器电源线不得长于5m,在进线处必须设置防护罩,电焊机的二次线宜采用YHS型多股铜芯线橡皮护套软电缆,其长度不得大于30m。

3.16.6　施工现场照明用电要求

(1)照明线路要按标准架设,不允许采用一火一地接法,不准使用保护线作为供配电系统的工作零线,使用并要安装漏电保护装置。

(2)室内的灯具、线路的绝缘要良好,无破损,灯具距易燃物的距离应大于300mm,且不许使用卤钨灯。

(3)熟悉各路照明线路的配电箱盘及有关开关的位置,以便及时处理照明及人身触电事故。

(4)经常检查手持安全灯具的绝缘保护和连接导线有无破损,防止漏电事故的发生。

(5)照明的灯具、线路、配电箱盘开关等均应由电气工长指派正式电工进行作业,非电工不得私自拆线、改线、加载和接线,注意各种灯具的使用和现场的特殊要求。

3.16.7　电气设备操作与维修人员应符合下列要求

(1)施工现场内临时用电的施工和维修必须由取得上岗证书的专业电工完成。

(2)用电人员应掌握安全用电基本知识和所用设备的性能,使用设备前必须按规定穿戴和配备好劳保用品,检查电气装置和保障保护设施是否完好,严禁设备带病运转。搬迁和移动用电设备,必须经电工切断电源并做妥善处理后才能进行。

3.16.8　预防电气火灾措施

(1)没保护装置,杜绝线路过负荷使用。临时用电工程施工时要认真执行规范,正确连接导线,接线柱要压牢、压实。在每天巡查时,各个接线端子连接是否牢固,有无过热现象均列入必检内容。

(2)现场中的电动机严禁超载使用,电动机周围不准有易燃物品,对设计已选用的电缆以外的配电线路均应认真选择导线。

(3)施工现场内严禁使用电炉子。使用碘钨灯时,灯与易燃物间距不得小于300mm,室内不准使用功率超过100W的灯泡,严禁使用床头灯。

(4)使用电焊机必须有动火证,并有专人监护,施焊周围不能存在易燃物,并备齐防火设备,电焊机要放在通风良好的地方。

(5)存放易燃气体、易燃物的仓库内的照明装置必须采用防爆型设备,安装必须符合有关规定。

(6)配电开关箱内严禁存放杂物及易燃物体,在每次巡检时进行清扫。

(7)一旦发生电气火灾,首先应迅速切断电源,并按电气火灾来火有关规定组织灭火。

3.16.9　机械设备使用安全规定

(1)所有进厂的机械设备必须维护保养好,完好率必须100%,严禁带病运行。

(2)除了起重机械外,其他设备必须有防护棚,不得露天堆放和使用,不得放在积水和潮湿的地方。

(3)机械操作人员必须思想集中,认真听指挥信号,密切配合,做到准确无误。

(4)检修搅拌机滚筒时,要拉闸断电,并指定专人看护电闸。

(5)防止高空坠落物体打击。

(6)进入现场作业要戴好安全帽,在无防护的高空作业必须系好安全带。

(7)加强防护工作,平台处在未安装栏杆之前要绑临时护栏,深基础施工护栏加密目网防护,大的施工洞口要加盖保护。

(8)严禁向下扔掷物料、工具。

3.17 环境保护及施工现场管理措施

3.17.1 组织保证

文明施工管理分两个层次,本企业工程管理部文明施工领导小组,项目经理部三级管理组织。

(1)企业文明施工领导小组,负责全企业的文明施工管理指导工作,由主管生产的副局长任组长,以工程管理部为主体,有关职能部室负责人组成。

(2)项目文明施工管理小组:项目经理任组长,设立专职文明施工管理员负责现场的文明施工管理工作。施工现场设专人值班。

3.17.2 标准、制度保证

(1)《文明施工管理标准》。

(2)《文明施工检查制度》。

(3)《文明施工标牌制度》。

(4)《文明工地检查验收办法》等相关标准和制度。

3.17.3 文明施工保证措施

(1)在施工准备阶段,施工现场周围必须按本企业的有关要求设置高度不低于1.8m的围栏,在主出入口处设置施工标志牌、现场平面布置图和安全生产、消防保卫、环境保护、文明施工制度板。

(2)严格执行文明施工的各项规章制度,责任到人,检查到位,整改及时,奖罚分明。

(3)现场的临建设施及材料机具的布置与堆放要严格按照施工平面图所示位置进行布设,材料、工具要码放整齐。砂石和其他散料应进行围挡存放。

(4)工具要及时清理,按照指定位置码放整齐。

(5)施工现场的道路要进行硬化处理,要经常维护,要定时、及时清扫,保持路面坚实畅通,做到不积水、不扬尘、运输车辆不带泥沙出现场。

(6)施工现场土方集中存放时,要用苫布或密目网进行覆盖,或进行绿化、固化处理。

(7)现场设专人负责保洁工作,配备相应的洒水设备,及时洒水清扫,尽量减少扬尘污染。

(8)每一位操作人员均要坚持活完清场制度和下班清场地制度,划分卫生责任区,实行分片包干,做到责任分明。专职检查员要随时检查,始终坚持文明施工。

(9)具备条件时,要严格按标准进行区域划分和维护,使办公区、生活区和施工现场严格分开。办公区及生活区要进行绿化和美化,要体现出本企业的形象。

(10)施工现场临时食堂的污水,要设简易有效的隔油池。加强管理,定期掏油,防止水污染。

(11)工地所用热水锅炉、炊事炉具等必须使用清洁燃料。

(12)对于强噪声的机械设备,要合理安排作业时间,要进行封闭设置,尽量把噪声减到最小程度。

(13)加强对施工人员的教育,施工时轻拿轻放,不大声喧哗,尽量减少人为的噪声污染。

(14)对于运输车辆要严加管理,要按照相关规定,采取措施防止车辆运输泄、露或遗散。

(15)清理施工垃圾时,必须搭设密闭式专用垃圾道或采用容器吊运,严禁随意抛撒。现场内设密闭式垃圾站,施工垃圾按规定及时清运消纳。

(16)进场前,要做好宣传工作,采用写标语、贴告示、沟通等手段,使居民与施工方互相理解。出现问题首先同建设单位磋商,共同商谈扰民问题,本着理解第一的原则,按照合理、合法的原则进行解决。

(17)加强检查督促工作,文明施工领导小组及分公司每月检查一次,经理部每周检查一次,按"三清"、"六好"条件组织检查评比。

(18)夜间施工照明全部采用灯罩,保证现场照明灯光不影响周围居民正常生活。

(19)对于敏感部位、有特殊要求的工程部位,施工前完成电器安全围帘的包裹。

(20)跨道路部分加设明显标志,晚上采用信号灯加以提示。

(21)从沟通和宣传上着手,与建设单位共同成立协调领导小组,尊重周围居民的意见,加大与周围居民的沟通。定期召开由建设单位主持、施工单位负责具体实施的协调会,确保居民的正常生活。

3.17.4 环境保护措施

严格遵守国家、省、市有关环境污染的法律、法规、技术规范及规程,并遵循下述原则:保护好周围环境和生态环境;预防为主、以管促治、防治结合、因地制宜、综合治理;污染源治理,以处理后的水质、大气质量及噪声达到国家及省排放标准为目标。

3.17.4.1 施工期水质保护

施工期水质保护主要包括水污染物的防治、环境监测等。

(1)在施工区域设排水系统,利用自然地形修建污水处理池。污水在处理池沉淀2~3小时,检验符合环保标准后才能排放。定期清理,分离污泥,干后运至指定地点堆放。

(2)施工运输时采取措施,避免沙、石、土料等物质的遗散。经常保持工地整洁,做到文明施工。

(3)进入现场的材料、设备必须码放有序,防止任意堆放器材杂物阻塞工作场地周围的通道和影响环境。现场的材料、机具堆放整齐,渣土及时清运,以免影响环境卫生。

3.17.4.2 水土保持

(1)没有监理工程师的特别许可,所有施工活动仅限于施工界限之内。

(2)加强安全防火,以免引起火灾,破坏植被。

(3)必要的线路要架设施工,竭尽全力维护原有植物等植被。

(4)在土方开挖施工中,必须注意保护边坡,防止水土流失。在开挖坡顶边线以外,设置截水沟,防止地表水流入开挖基坑及冲刷边坡。

(5)场内外公路两侧应采用护坡和排水措施,保护坡面稳定,防止滑坡、坍塌,与工程措施配套,公路两侧建设单行乔木道路防保林带,挖方段及半填半挖段边坡结合护面种植藤本植物。

(6)主体工程完工后,遵循"恢复原地貌"的原则,在监理工程师同意的情况下向业主移交土地。

3.17.5 废弃物处理

(1)在生活区附近兴建厌氧氧化塘进行生活污水处理(塘深3m左右),生活污水在塘中停留20天左右,检验符合环保标准后才能排放。

(2)施工弃渣要运至指定地点堆放,避免散失和污染水源。

(3)生活区配备垃圾箱,设清洁员,按卫生要求及时清扫生活垃圾,送往指定地点堆放或掩埋,不得在周边任意堆放,避免散失和污染水源。

3.17.6 废气处理及粉尘控制

本工程施工期大气质量保护主要包括燃油机械设备排气净化措施,水泥泄漏、拌和站扬尘及车辆扬尘防护措施。

3.17.6.1 燃油机械设备排气净化措施

工程施工中用到的主要燃油设备有挖装机械、自卸汽车、汽车吊等,必须对燃油设备的尾气排放进行控制,施工中将采取以下控制措施:

(1)加强对燃油机械设备的维护保养,使发动机在正常和良好状态下工作。

(2)安装尾气排放净化器,使尾气达标排放。

(3)选用无铅汽油。

(4)杜绝使用不符合国家废气排放标准的机械设备。

(5)水泥泄漏、拌和站扬尘及车辆扬尘防护措施。

3.17.6.2 粉尘控制

水泥在运输、装卸和拆装时,粉尘飞扬易造成污染;拌和站因场地狭窄,水泥仓库、砂石料堆放场和拌和楼等布置密集,粉尘相对集中;施工区的对外公路及施工道路车辆来往较多,也必须注意防尘。施工中主要采取以下控制措施:

(1)加强对道路及拌和站等施工场地的管理和养护,经常清扫。

(2)配备两台洒水车,定时对道路及施工场地洒水,防止粉尘飞扬。

(3)对车辆勤清洗。

(4)拌和站设置除尘装置,并对其按规范要求进行操作、维护和保养。

(5)施工人员佩戴防尘面罩,以保护施工人员的健康。

3.17.7 噪声防护

施工噪声源主要有运输汽车发出的断续交通噪声,挖装机械等施工机械发出的噪声。为将施工噪声控制到最低,并满足环境保护要求,施工中拟采取以下防护措施:

(1)选用低噪声设备和采用低噪声工艺。

(2)加强设备的维护和养护,减小运行时的噪声。

(3)防止气动工具通风系统阀门漏气产生的噪声。

(4)振动大的设备使用隔振机座。

(5)加强道路养护,保持路面平整。

(6)加强运输车辆的维护保养,尽可能减少其产生的噪声。

(7)重型车辆通过居民区限速行驶。

3.18 人群健康保护

施工期因饮食和环境卫生条件差,施工人员相对集中,易造成施工人员中流行性出血热、病毒性肝炎、虫媒传染病和肠道传染病等疾病的发病率上升。加强施工人员健康保护应采取以下措施:

(1)对新进入工区的施工人员进行卫生检疫。检疫项目包括病毒性肝炎、疟疾等虫媒性传染疾病。

(2)发放常见病的预防药,在可能的情况下做一些如乙肝疫苗类预防接种,提高人群免疫力。

(3)设立一套卫生防疫体系,加强疫情监测,对施工人员做定期健康观察。

(4)对工地炊事人员定期进行全面体检和卫生防病知识培训,广泛宣传多发病的预防知识,加强群体抗病意识。

(5)生活区定期杀虫、灭鼠。

(6)定期对饮用水质和食品进行卫生检查,切断污染饮用水的途径。

第二篇　公路、桥梁、隧道工程

4　高等级公路工程施工组织设计

4.1　编制依据

(1)《××高速公路××合同段施工招标文件、图纸》等招标文件资料。

(2)现场的实地考察信息资料,以及《补遗书》等答疑材料。

(3)××集团具有济青、济德、京石、铁四、京沈、盘海、青银等高速公路的施工经验、科研成果和成功的管理经验。

(4)国家现行施工技术规范、标准,地方标准及规定。

(5)其他相关文件。

4.2　工程概况

4.2.1　工程与环境简介

××段项目是××省规划高速公路网的重要组成部分。新建的××高速公路××段全长28.252km,本次投标项目为NO.4标段,起点为K24+800,终点为K28+800,路线全长4.0km。本标段路线于K27+711.555处设××枢纽互通式立交一座。

4.2.2　本工程投标范围

本次投标施工范围主要包括路基土方、桥涵工程、排水工程、防护工程、交通工程土建部分等施工项目。

4.2.3　气象与水文简况

路线所在区域属于大陆性季风气候区。年平均气温14.4℃,1月平均温度0.3℃,7月平均温度27.7℃。年平均降水量661.4mm,年内降水分布不均,多集中在7~9月,无霜期215天。

本项目沿线所经河流主要有幸福河、贾鲁河、清水河等,均属于淮河流域沙颍河水系,本流域地处中纬度黄淮之间,属暖温带半湿润半干旱大陆季风性气候。

4.2.4　地形与地貌简况

路线所经地段为黄河冲击平原,黄泛区腹地,地表均为第四纪全新统地层覆盖,地势由西北向东南倾斜。由于冲积扇边缘地形低凹,水流呈放射的分散细流,形成零星分布的洼地或湖泊。

4.2.5 设计简况

4.2.5.1 路基工程

本项目主线采用高速公路标准，采用四车道宽度，路基全宽28m，其横断面组成如图4-1所示。

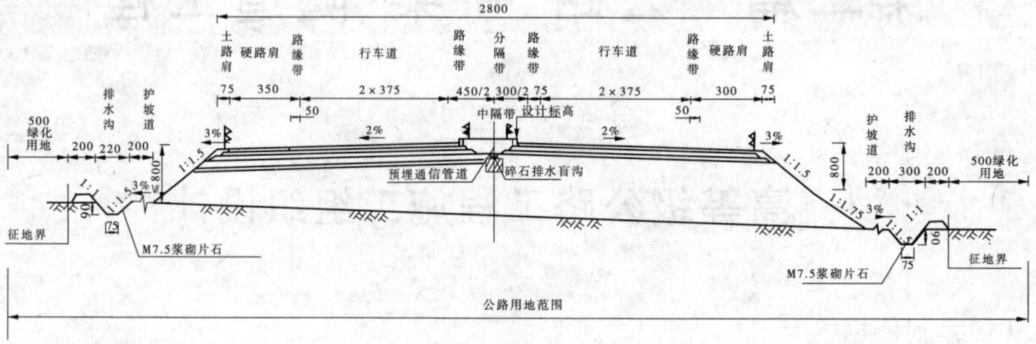

图4-1　路基标准横断面图　（单位:cm）

路基防护主要采用混凝土预制块加三维网植草或植紫穗槐等形式。路基主要主程量见表4-1。

表4-1　路基主要工程量

序号	项目名称	单位	数量
1	现场清理	m^2	543 358
2	路基挖土方	m^3	38 554
3	路基填筑	万 m^3	120
4	结构物台背回填10%石灰土	m^3	33 878
5	路床40cm厚4%石灰处理	m^3	63 627
6	碎石垫层	m^3	24 921
7	碎石桩($D=50$cm)	m	72 540
8	土工布	m^2	70 142
9	土工格栅	m^2	51 255
10	C20混凝土预制块排水沟	m	20 010
11	边坡及护坡道植草籽	m^2	102 387
12	边坡混凝土预制块	m^3	7 911.82
13	三维网	m^2	24 355
14	植紫穗槐	m^2	57 280

4.2.5.2 结构工程

本标段结构物共有中桥2座、××枢纽互通立交被交道桥1座、匝道桥5座、分离式立交5座、钢筋混凝土盖板涵8道、盖板通道11座、人行机耕天桥2座。桥梁、立交、天桥见表4-2。

表4-2　桥梁、立交、天桥一览表

序号	中心桩号	结构名称	孔数 孔径	桥梁全长（m）	结构类型	
					上部结构	下部结构
互通立交内中桥一览表						
1	K27+015	轩西岭排沟中桥	3-16	53.04	预应力混凝土空心板	桩柱式墩、肋板式台
2	EK0+098.5	E匝道轩西岭排沟中桥	3-16	53.04	预应力混凝土空心板	桩柱式墩、肋板式台
互通立体交叉桥梁一览表						
3	K27+711.555	被交道桥	(4×35)+(3×38+45+3×38)+(4×35)	562.32	装配式部分预应力混凝土连续箱梁+现浇预应力混凝土连续箱梁+装配式部分预应力混凝土连续箱梁	桩柱式墩、肋板式台
4	AK0+845.541	A匝道桥	3×(5×30)+(2×30+38+2×30)	615.00	现浇预应力混凝土连续箱梁	桩柱式墩、肋板式台
5	BK0+924.592	B匝道桥	2×(5×30)+(2×30+38+2×30)+3×30	555.00	现浇预应力混凝土连续箱梁	桩柱式墩、肋板式台
6	CK0+366.750	C匝道桥	6×20	122.50	现浇预应力混凝土连续箱梁	桩柱式墩、肋板式台
7	DK0+366.750	D匝道桥	6×20	122.50	现浇预应力混凝土连续箱梁	桩柱式墩、肋板式台
天桥一览表						
8	K25+265	凹张(Ⅰ号)天桥	20+2×25+20	95.08	现浇预应力混凝土连续箱梁	桩柱式墩、肋板式台
9	K25+566	凹张(Ⅱ号)天桥	20+2×25+20	95.08	现浇预应力混凝土连续箱梁	桩柱式墩、肋板式台

4.2.5.3　安全设施及预埋管线

本标段安全设施及预埋管线共有人孔11个、手孔15个、紧急电话平台8个，铺设12孔ϕ40/33硅芯管4 100m、4ϕ114×4镀锌钢管135m、2ϕ114×4镀锌钢管260m，制作并安装玻璃钢管箱190m、过桥托架100个。

4.3 工程特点及难点

4.3.1 借土填方量大

本标段借土填方量为91.3万m^3,沿线全部为旱田、坑塘,取土较为困难,大量填土采用取土场集中取土。本标段土方填筑,尤其是沿线借土填方是工程重点。要配备足够数量的运输、填筑设备及劳动力,在施工前要制定切实可行的施工方案,并经与当地政府充分接洽后共同进行土源勘察,确实落实好取土场后,方可进行大面积路基填筑施工,施工完毕对取土场进行复耕处理。

4.3.2 混凝土结构施工要求高

本标段桥梁结构物众多,现浇箱梁混凝土施工量大,工程质量标准高,桥梁结构要求内坚外美,结构混凝土浇筑是质量保证的关键。因此,要从模板方案优选、混凝土配比、搅拌、浇筑等方面入手,确保达到混凝土外光内实的效果。

4.3.3 环境保护要求高

由于路线所经地区多为农田、村庄,因此环保要求高,必须建立切实可行的环境保护体系并制定相应措施。在施工期间必须控制施工废水排放,施工过程中设立沉淀池,废水经过二次沉淀后才允许排放,以减少水体污染。特别是钻孔桩施工时,计划采用自行研制的泥浆循环再利用设备,把钻孔泥浆回收再利用,防止污染地表水源。施工中依据ISO14000环境管理体系进行环境管理,严格遵照政府规定和人民生活习惯,降低施工中噪音、灰尘、废水等各种污染的排放,减少对周围环境的破坏。

4.3.4 与相应管理部门和兄弟单位的协调

中标后,我们将积极配合业主开展工作,为业主分忧,服从业主和监理工程师的指挥;在现场设立拆迁、环保、安全、疾病防治领导小组;由于本工程主线桥及A、B匝道桥上跨在建的阿深高速公路,8条匝道均与阿深高速相衔接,工程建设过程中,注意与参施兄弟单位以及相关市、地各级政府、行政管理部门的沟通与协调,最终实现对本工程进度、质量和安全的承诺。

4.4 施工部署

4.4.1 施工组织机构及人员配备

由××城建集团有限责任公司授权组建正式的项目经理部,选派集团下属的具有多年高速公路施工经验的队伍承担施工任务,项目部设项目经理、总工程师、总经济师、副经理各一人。项目经理部下设技术质量部、经营部、财务部、工程部、安保部、物资部、办公室、实验室。

项目经理部下设三个分部,每个分部分别配备相应的路基和桥涵专业作业队,每个作业队配备队长、技术员、质量员、试验员、资料员、预算员及技术工人,开工根据施工情况随时调配。

4.4.2 施工总体安排原则

(1)根据工程数量、工期及现场情况,多安排作业面,各作业面单独流水施工,结构施工优先于道路施工。

(2)本标段须优先安排桥梁及涵洞、通道基底软基处理和结构施工,保证路基填筑能连片施工。

4.4.3 施工区段划分及部署

根据施工现场实际情况及施工的需要,将本工程划分为三个施工区段,有三个施工分部负责施工。

第一分部施工 K24 +800 ~ K26 +600 段,下设 2 个施工队:1 个路基作业队负责该段地基处理、路基填筑、防护工程等施工;1 个结构作业队负责该段内的 2 座天桥以及涵洞、通道工程。

第二分部施工 K26 +600 ~ K28 +000 段,下设 4 个施工队:2 个路基作业队负责该段主线路基和 B、C、E、H 匝道的地基处理、路基填筑、防护工程等施工;2 个结构作业队负责该段内的阿深互通立交主线桥、C、D 匝道桥和 K27 +015、EK0 +098.5 两座中桥、A 匝道桥以及涵洞、通道工程。

第三分部施工 K28 +000 ~ K28 +800 段,下设 2 个施工队:1 个路基作业队负责该段主线路基和 A、D、F、G 匝道地基处理、路基填筑、防护工程等施工;1 个结构作业队负责该段内的 B、D 匝道桥以及涵洞、通道工程。

项目经理部建立构件加工厂和混凝土拌和站(内设 HZS50 型拌和机两台),拌和能力 $100m^3/h$,集中生产全标段的梁板和供应全标段的现浇混凝土。

各个分段按照工程特点和工期要求同时开工,采用多个作业面流水施工的施工原则,路基和桥涵各个层次与其他附属工程打好交叉,尽量避开不利因素,确保工期。

4.4.4 施工进度安排

本土建工程招标预计工期为 20 个月,根据业主指示,计划开工日期为 2004 年 11 月 26 日,竣工日期为 2006 年 7 月 26 日,具体安排如下:

(1)施工准备:2004 年 11 月 26 日 ~2004 年 12 月 31 日。包括人员进场、临时场地建设、临时道路修建、临时水电建设、混凝土拌和站建设,组织材料进场,同时进行交接桩及复核工作。

(2)路基工程:2004 年 12 月 1 日 ~2006 年 5 月 31 日。2005 年 5 月 15 日前完成特殊路基;2005 年年底前完成全部主线路基土方施工,匝道土方完成 70%;2006 年 5 月 31 日前完成台背回填和路基修整。

(3)桥梁施工:2005 年 1 月 1 日 ~2006 年 6 月 10 日。具体安排如下:2005 年 1 月 1 日 ~6 月 10 日完成钻孔灌注桩施工;2004 年 3 月 10 日 ~2005 年 8 月 31 日完成桥梁墩台、盖梁等下部结构施工;2005 年 3 月 1 日 ~2005 年 7 月 30 日进行预制梁板生产;2005 年 6 月 1 日 ~2005 年 8 月 10 日完成预制梁板吊装施工;2005 年 7 月 1 日 ~2006 年 5 月 15 日完成现浇预应力箱梁施工;2006 年 4 月 20 日 ~2006 年 6 月 10 日完成桥面铺装、防撞护栏等桥梁附属工程施工。

(4)防护工程:2005 年 6 月 15 日 ~2006 年 6 月 30 日。2005 年底前完成防护工程 70%,2006 年 6 月 30 日完成全部防护工程。

(5)排水工程:2005 年 5 月 1 日 ~2005 年 11 月 30 日。

(6)天桥施工:2006 年 3 月 1 日 ~2006 年 5 月 10 日。

(7)通道、涵洞工程:2005 年 3 月 20 日 ~2005 年 6 月 30 日。

(8)现场清理、交工验收:2006 年 7 月 1 日 ~2006 年 7 月 26 日。

完成现场清理整治、竣工资料整理、工程实体交工验收、人员设备退场。

4.4.5 主要劳动力安排

工程中标后立即组织管理人员进入现场,所有人员在上岗前 10 天到位。为保证工程实施,将安排自有技术工人投入施工生产,机械手、测量工、试验员均持证上岗,钢筋工、木工、混凝土工、砌石工主要由我公司固定劳务基地工人担任,少量辅助工种由当地劳动力补充,这样可以保证施工人员数量稳定。施工准备期间人员不少于 200 人,施工高峰期不少于 850 人。

4.4.6 施工机械及试验检测仪器的配备

施工机械按工程性质及工程量大小和具体的施工作业面情况配备。每个作业队配备一套完整的施工机械,其中如搅拌站、泵车、混凝土搅拌运输车等公用大型设备由项目部统一管理配置,按照工程施工情况,按需配备给各个作业队使用。

4.5 施工总平面布置

4.5.1 施工临设平面布置

本合同段项目经理部、混凝土搅拌站(内建工地实验室)、预制构件厂拟设于 K27 + 800 路基右侧,共占地 18 000m^2;第一施工分部驻地设在 K25 + 300 路基左侧,占地 6 000m^2;第二施工分部驻地设在 K28 +600 路基左侧,占地 10 000m^2;第三施工分部驻地设在 K25 +300 路基左侧,占地 6 000m^2。

4.5.2 施工临时道路

根据施工需要,现场交通主要利用现有乡间道路,根据路况对部分路段进行加宽加固。在设计路线左侧修建一条 6m 宽施工临时道路,在非软土路基段为 20cm 厚压实土 + 20cm 泥灰结碎石;在软土路基段为 20cm 厚压实碎石土 +20cm 泥灰结碎石。施工便道沿线跨沟渠处设圆管涵以保证水流畅通。

4.5.3 施工临时用水

拌和站内采用打井取水,水质经检查合格后方可使用。同时,在施工队驻地设置蓄水池或安放水罐。施工现场用水由水车运输,以保证现场用水。

4.5.4 施工临时用电

考虑到构件厂和混凝土拌和站用电量较大,利用现有农用电网电力,设置 315kVA 变压器两台;其他施工现场配备移动式发电机供现场使用。

4.6 施工准备

4.6.1 技术准备

(1)进场后组织学习施工招标文件及施工规范,掌握设计意图,进行图纸会审。同时根据设计图纸内容,收集的技术资料、标准、规范、试验规程等内容,做好技术保障工作。

(2)进场后 10 天内完成交接桩事宜,建立测量控制系统。对水准点、导线点进行复测。按施工要求加密坐标点、水准点建立控制网,同时加强对全线控制点桩和每个构筑物的桩位测设及保护工作。

(3)进场后14天内,编制实施性施工组织设计及分项工程施工方案、技术交底,完成各类构筑物的模板设计。同时对作业队人员进行技术交底,并配合监理提前做好单位工程、分部工程、分项工程的划分工作。

4.6.2 材料准备

工程开工前编制材料计划,按计划时间供应,经中心实验室检验合格后方可使用。

4.6.3 资金准备

在银行建立账户,办理预付款及各项保险业务。同时与集团内部银行建立联系,利用集团优势建立强大的资金后盾,防止资金匮乏时造成停工。设立民工工资专项资金,保证民工工资按时、足额发放。

4.6.4 现场准备

开工伊始,在全线建立生产生活设施,修建各种临时设施,接通水、电、通信。进行施工现场地质调查,清理障碍物、垃圾,保护周边永久设施。

4.6.5 人员动员周期和设备、人员、材料进场方式

4.6.5.1 设备、人员动员周期

设备、人员动员周期见表4-3。

表4-3 设备、人员动员周期表

<table>
<tr><th>序号</th><th>名称</th><th>动员周期(d)</th><th>运输方法</th><th>准备工作内容</th></tr>
<tr><td>1</td><td>先遣人员</td><td>3</td><td>专车</td><td rowspan="4">先遣人员到达工地后,进一步调查、熟悉当地情况,了解当地民风、民俗、联系驻地建设,协调临时水、电、通信线(管)的架设;
平整施工场地,搭设工棚、接通电力、通信线路,安装生活、生产用水管道,安装调试发电机组;
阅读设计施工图文件和有关《施工技术规范》,熟悉施工现场,认真做好工地与图纸核对,如发现有图纸与实地不符的信息及时反馈给业主和设计单位;搞好项目经理部各种图表的设计,完成实施性施工组织设计;
组织有关技术人员、技术工人进行全面质量管理教育,进行技术交底,建立有关组织机构、制订规章制度;
各种机械、试验仪器设备进场,安装调试完毕;
在现场进行全面调查,依照施工设计图,各队根据各自情况,制订详细具体的施工方案;
调查、落实材料单价、供应地点,签订有关供货合同;调查核实砂石等地方材料料场,并取样检验砂石料各土样;调查弃土场位置和落实运输便道情况;
组织技术人员测量放样,恢复路线中桩和桥涵控制桩;
经理部对各项准备工作落实后,将有关情况书面报请驻地监理工程师申请开工</td></tr>
<tr><td>2</td><td>项目经理部人员及设备</td><td>6</td><td>专车、货车</td></tr>
<tr><td>3</td><td>路基施工队(含人员、材料、机械)</td><td>8</td><td>专车、货车、大型平板车</td></tr>
<tr><td>4</td><td>桥梁施工队(人员、设备、材料)</td><td>8</td><td>专车、货车、大型平板车</td></tr>
</table>

4.6.5.2　人员、设备、材料运到施工现场的方法

人员、设备、材料主要通过公路运到施工现场。使用汽车通过郑州至许昌、许昌至漯河、漯河至驻马店高速公路进入，通过部分现有地方道路（部分现有地方道路路基宽度过窄和转弯半径过小的路段进行拓宽改造）及改路便道运进现场。人员使用客车，材料用平板货车及自卸车运输，大型设备用平板拖车运输。

4.6.6　**工程准备**

在施工人员进场，设备到位，材料试验、测量复核等各项准备工作完成的情况下，编制开工报告，申请正式开工。

4.7　主要工程项目的施工方法

4.7.1　测量控制方案

4.7.1.1　控制点检测

交接桩后，对导线点、水准点进行复测，其精确度要符合《公路勘测规范》（JTJ061—99）的要求。检测结果提交监理工程师。

4.7.1.2　横断面复核

根据现状地形及设计横断面进行横断面复核。横断面复核从已知高程控制点开始，每400m左右与另一已知水准点闭合。横断面复测后，绘制横断面图。

4.7.1.3　导线点增设

（1）沿线布点：对业主单位所交控制桩及资料进行复测校核，确认无误后方可进行控制点加密，根据本工程的特点及地理环境和现有的测量依据进行控制点加密，沿距施工路基边线20～40m处布设导线点，以满足施工需要。

（2）布设原则及施测方法：加密导线采用二级导线，布设附合导线，执行《工程测量规范》（GB50026—93）所规定的二级导线标准。根据二级导线标准，在一测站水平角测一测回，观测两个方向的边长，对每个边往返测。加密的二级导线点即路线中线控制桩，执行《工程测量规范》（GB50026—93）所规定的二级导线标准，满足《公路勘测规范》（JTJ061—99）的精度要求。

4.7.1.4　水准点增设

由于桥位工作水准控制点要求较高，$\Delta h = 20L^{1/2}$ mm，因此水准点增设采用《公路勘测规范》（JTJ061—99）所规定的水准测量标准，采取附合测量，限差控制在$20L^{1/2}$ mm，采用高精度水准仪往测一次，水准尺为双面尺。

4.7.1.5　中线测设

应用电算对主要点位坐标进行复核，无误后打印出里程桩号及点位坐标。中线测设采用极坐标法。

4.7.1.6　大型结构物控制网的建立

桥位三角网测量精度应符合技术规范要求，同时考虑施工的需要。

4.7.2　**路基工程**

4.7.2.1　场地清理

将路基用地范围内的垃圾、有机物残渣及原地面以下至少30cm内的草皮、农作物的根系和表土予以清除，并堆放于指定弃土场内。场地清理完成后，根据设计要求，采用重型冲击压路机全面进行填前冲击振动碾压，使其密实度达到设计要求。路基用地范围及取土场范围内的树根应全部挖除。

4.7.2.2　特殊路基处理

特殊路基处理主要包括：7口深度为30～35m的机井采用粉细砂填塞；一般低填方路基采用土工格栅+40cm碎石垫层+土工布的处理方法；阿深枢纽立交采用碎石桩+30cm碎石垫层+土工布的处理方法；路床填料CBR值小于8时，对路床底面以下40cm厚采用石灰土处理。

1）土工格栅施工

（1）在平整好的下承层上按路基全断面铺设，摊铺时将土工格网绷直拉扯平顺，紧贴下承层，不得使格网出现扭曲、折皱、重叠。

（2）铺设土工格栅时注意在路堤两侧预留足够的锚固长度，以备回折覆裹在压实的填料面上。应使其平整顺适，外侧用土覆盖，以免破坏。铺设土工格栅的下承层表面应平整，严禁有碎石、块石等坚硬凸出物；在距格栅材料8cm以内的路堤填料，最大粒径不得大于6cm。

（3）铺设时应保证土工格栅的整体性，采用搭接法连接，搭接宽度不小于20cm，并用尼龙绳绑扎，严禁用铁丝绑扎。

（4）土工格栅铺设后应及时进行填筑施工，以避免长期暴晒，土工格栅上至少先人工铺筑一层土，方可机械铺筑。

（5）填土高度不足1.0m时，机械不得在路幅内掉头。

2）碎石垫层

在清理的基底上分层铺设碎石垫层，碎石选用粒径2.0～5.0cm的未风化碎石，用重型振动压路机分层碾压至规定密实度，并控制最佳含水量，且无明显的粗细料分离现象，两端以片石护砌。

3）碎石桩施工

碎石桩采用振冲法进行施工，机械采用柴油打桩机。

施工顺序：

场地平整→测量定位、布点→桩机就位对中→成孔→清孔→加料振密→关机停水→振冲器移位→全部完成后进行测试。

主要施工工艺：

（1）场地平整。在碎石桩施工前，根据现场情况对施工区域进行平整，做到挖填平衡。

（2）测量定位、布点。根据设计图纸，定出施工中线、边线。并且定出桩点的具体位置，并做好标识加以控制。及时做好各种施工资料并上报监理，监理复核完毕后方可进行下一道工序的施工。

（3）成孔、清孔，须注意以下事项：

①在进行桩位布点时当碎石桩桩位和原桥桩基位置发生冲突时，应尽量让出桩基部位或取消该桩点。

②夯机就位后，应保证起重设备平稳，导向架与地面垂直，垂直偏差不应大于1.5%，同时测量夯锤顶面标高，待验收合格后方能施工。

③碎石桩桩径0.5m，呈等边三角形布置，桩长约8.5m。

④采用水泵进行桩基的施工供水，出口水压应为400～600kPa，流量20～60m^3/h。

⑤振冲器在固定深度位置的留振时间宜为10～20s，宜于应力的有效传递。

(4)加料振密。将桩管沉入土层至设计深度，用料斗向桩管内灌碎石。

填料要分批加入，不宜一次加料过量，原则上要“少吃多餐”，保证试桩标定的装料量。

用料斗向桩管内灌碎石，当灌碎石量较大时，可分成两次灌入，第一次灌入2/3，待桩管从土层中提升1/2长度后，再灌入剩余的1/3。

碎石灌入量不应小于设计值的95%，如不能顺利下料，可适量的往管内加水。

每一深度的桩体在未达到规定的密实度时应继续加料，继续振实。严格防止“断桩”和“颈缩桩”的发生。

碎石桩施工完成后，要按设计要求做桩体密实度测试和复合地基承载力测试，满足设计及规范要求后，方可进行下部工序。

4)石灰土处理

路床采用40cm厚4%石灰土处理，石灰土处理采用路拌法施工。

(1)运输及摊铺。拌和用土装车时，应使每车料的数量基本相等。卸料距离应严格掌握，避免料不够或过多；料堆每隔一定距离应留一缺口；拌和用土在路基上的堆置时间不应过长。

在摊铺集料前，应先在未堆料的路基上洒水使其湿润。摊料长度应与施工日进度相同。用平地机将拌和土均匀摊铺在预定的宽度上，表面应力求平整，并有规定的路拱(见图4-2)。

图4-2　土方施工

(2)摊铺石灰。在人工摊铺的路床层上，用6～8t轮压路机碾压1～2遍，使其表面平整，并有一定密实度。然后，按计算的每车石灰的纵横间距，用石灰在路基上做卸置石灰的标记，同时划出摊铺石灰的边线。用刮板将卸置的石灰均匀摊开。

(3)拌和与洒水。路基处理采用稳定土拌和机拌和，拌和深度应达到稳定层底。拌和应适当破坏(约1cm左右，不应过多)下承层的表面，以利上下层结合。通常应拌和2遍以上。在进行最后一遍拌和之前，必要时先用多铧犁紧贴下承层表面翻拌一遍。直接铺在土基上的拌和层也应避免“素土”夹层。

在拌和过程中，及时检查含水量。用喷管式洒水车补洒水，使混合料的含水量等于或略大于最佳值，洒水车距离应长些。

(4)整形与碾压。首先用平地机初步整平和整形，然后用轮胎压路机快速碾压度1～2遍。在用轮胎压路机碾压时，因轮胎表面没有花纹，压后表面比较光滑。

整形后，当混合料处于最佳含水量±1%时，立即用12t以上三轮压路机、重型轮胎压路机或振动压路机在路基全宽内进行碾压。

(5)养生。路床石灰稳定土在养生期间应保持一定的湿度，不应过湿。养生一般不少于7d。养生方法可视具体情况采用洒水，覆盖砂、低塑性土等。在养生期间石灰土表层不应忽干忽湿。在养生初期禁止重型车辆通行。

4.7.2.3 路基挖土方

在路基挖方开工前14d内，将开挖工程断面图提交监理工程师批准，所有挖方作业严格符合图纸或监理工程师的要求。挖方作业时不对邻近的设施及其正常使用产生破坏或干扰并保持挖方边坡的稳定。

在整个施工期间，保证路段排水畅通，路基表面平整、密实，曲线圆顺，边线顺直，边坡坡面平顺稳定，边沟整齐，沟底无阻水或积水现象。

(1)在路基挖方施工中，首先做好边沟、排水沟等以及临时的排水设施，并通至桥涵或沟渠顺利排出，挖出的废土堆在指定地点。

(2)土方开挖按设计自上而下进行，不乱挖或超挖。

(3)村落附近的土方开挖，采取有效措施保证村民及施工人员的安全，并为附近村民的生活及交通提供有效的临时便道。

(4)应考虑土方地段的挖方路基施工标高，因压实而产生的下沉量。其值由试验确定。路床弯沉试验见图4-3。

图4-3 路床弯沉试验

4.7.2.4 路基填筑

1)工艺流程

测量定线→填前冲击碾压→取土→分层填筑→碾压→检测验收→填筑碾压循环施工。

2)施工前准备工作

(1)由测量人员进行清表前原地面高程测量，结合设计路面高程初步计算出清表宽度。路基施工队进行清表及原状土填前碾压。

(2)中心实验室按《公路土工试验规程》的要求，对原状土及借土场取有代表性的土样进行土力学试验，得出最大干容重等数据，经认定后用于土方填筑。

3)填前冲击碾压

对非软基处理段原地面进行冲击碾压，碾压范围为路基坡脚加两侧护坡道宽度。采用YCT－20型冲击压路机碾压不少于13遍，确保压实度满足规范要求。开始碾压前，选出200m(冲击碾压和正常碾压各100m)试验路段，根据压实效果，确定冲击碾压参数。

4)试验段施工

路基大面积施工前，先选200m长全幅路基进行填筑试验，以确定所用压实设备的最佳类型组合，以及达到规定的压实度时各类压实设备的压实遍数。试验路段的压实试验完成后，按试验情况提出拟在路基填料分层平行摊铺和压实所用的设备类型及数量清单，所用设备的组合及压实遍数、压实厚度、松铺系数等施工控制数据，以书面形式将总结报告向监理工程师报告，供监理工程师审批。

5）运土及摊铺

土方经自卸运输车辆运至作业面分堆卸土，经推土机粗平，平地机精平后进行碾压，并逐步使路基横向坡度达到设计坡度。土方摊铺施工虚铺厚度不超过30cm，两侧加宽30cm，以确保路肩压实。

6）碾压

碾压由自行式振动压路机碾压，按试验段得出的数据控制碾压遍数。前后两次轮迹需重叠30cm。先静压，然后用高振幅、低频率振动碾压，待压路机有反弹现象时，改用低振幅、高频率碾压。

7）检测

碾压完成后立即进行压实度检测。检测采用灌砂法和核子密度仪法（见图4-4）。

8）接茬处理

在相邻两段工作面接茬处做台阶，台阶宽度不小于2m，按规定压实后由人工将外沿切齐，上、下层接茬要相互错开，不得在一个横断面上。

9）边坡修整

上路床达到设计标高后，进行边坡及边沟的整修，按设计要求的坡度，由人工配合挖掘机，将路基两侧超填的宽度切除（见图4-5）。

4-4　核子密度仪法检测压实度

图4-5　边坡修整

4.7.3　结构工程一般施工方法

4.7.3.1　工程试验

中心实验室按监理工程师的要求，对各种原材料和各部位混凝土按规定进行试验，及时提供混凝土强度、材料、质量等试验数据，各种配合比提请监理一同取样试配，保证工程按计划进行。

4.7.3.2 钢筋工程

本工程钢筋集中加工,成品及半成品运至施工现场绑扎、焊接。钢筋进场后试验员对钢筋做全面试验检查,严把质量关。钢筋按设计尺寸和形状全部采用机械加工。本工程钢筋连接根据工程部位和施工情况拟采用焊接连接、绑扎连接等不同的连接方式。

4.7.3.3 模板工程

为保证混凝土结构物成型尺寸及外观效果,本工程所用模板主要为钢模板。对于墩柱、盖梁、预制梁板、混凝土防撞护栏等使用特制的成型钢模,局部特殊部位采用覆膜胶合板等其他模板,配合适当的方木、锯材、钢材为支撑连接件。模板缝用密封胶条嵌塞,防止漏浆。模板使用前表面涂刷脱模剂,防止粘模和损坏板面。

4.7.3.4 混凝土工程

混凝土采用带有自动计量仪器的 HZS50C 混凝土拌和站集中拌和。

混凝土采用混凝土罐车($6m^3$/车)运输,混凝土从搅拌机倒出后,在 45min 内送到最终位置,在炎热季节必须在 30min 内送到浇筑位置。

混凝土采用泵车或吊斗按一定厚度、顺序和方向自下而上水平地分层浇筑,在下层混凝土初凝或能重塑前,浇完上层混凝土。

所采用的振捣器有两种:平板式和插入式。对于桥面铺装混凝土振捣采用振动梁。

混凝土浇筑完成后强度达到 1.2MPa 时即开始进行养生,养生期最少保持 7d,预应力混凝土在常温下养生期延长至施加预应力完成为止。

4.7.4 桥梁、立交工程

4.7.4.1 钻孔灌注桩工程

根据现场施工条件及工程地质情况,拟采用反循环钻机配合旋挖钻成孔、水下灌注混凝土成桩法。

1)工艺流程

测量放线→场地平整→桩位放样→制备护壁泥浆→护筒埋设→钻机就位→复验桩位→钻孔→成孔至设计高程→提钻→清孔→桩底检查→钢筋笼隐检→吊放钢筋笼→下导管→水下灌注混凝土并回收护壁泥浆→拔除护筒。

2)钻孔灌注桩施工方法

(1)场地平整。将桥区清理、整平,保证桩基施工机械进场。

(2)桩位放样。用全站仪测放出桥墩、桥台桩基的中心线位置。用三角网复测无误后,在平行于桥位中心线的前后方向和横向两侧设置十字控制桩。

(3)护筒埋设、钻机就位。护筒采用 8mm 厚钢板制成,直径比桩径大 150 ~ 200mm,护筒埋深 2m,上设矩形进浆口。护筒中心应与桩中心重合,平面误差不超过 50mm,竖直线倾斜不大于 1%,其顶部应高出地面 300mm,护筒外侧用黏土或碎石填实,防止渗水。钻机就位后应保持机身平稳,钻头几何中心对位允许偏差为 3cm。

(4)制备泥浆。泥浆采用黏土配制。黏土要求塑性指数 I_P 大于 25,粒径 d 小于 0.005mm的颗粒含量大于 50%。

(5)钻孔。采用反循环钻机成孔,同时保证泥浆面始终不低于护筒顶 0.4m。当穿越流沙层时控制进尺,适当增大泥浆比重,以防止扩孔、塌孔。每钻进 2m 或在岩层变化处捞取钻渣样品,查明地质类别并如实记录,直至设计孔深。

(6)清孔。钻孔达到图纸规定深度,且成孔质量符合要求后,应立即进行清孔。清孔时,孔内水位应保持在地下水位以上 1.5 ~2m,以防止钻孔的任何塌陷。

(7)钢筋笼加工、运输与吊放:

①钢筋笼采用现场加工制作。钢筋笼加工尺寸须严格按图纸及技术交底执行。

②钢筋笼自上而下以 4m 间距设环形混凝土垫块,为保证笼顶标高正确,笼顶设吊环,并按桩的标号挂牌(见图 4-6)。

图 4-6　加工成型的钢筋笼

③采用 20t 汽车吊放钢筋笼,下笼时,人工轻轻扶持,对准孔位,垂直下放,避免碰撞孔壁。

(8)混凝土灌注:

①混凝土灌注工序与清孔、下笼工序必须紧密衔接,清孔、吊放钢筋笼后及时灌注混凝土(见图 4-7)。

②在灌注首批混凝土之前,在导管上口安放隔水塞,然后放入首批混凝土。在确认存储量备足后,即可剪断铁丝,灌入首批混凝土,使导管底部埋入混凝土内,埋深不小于 1m。

③首批混凝土灌入正常后,应连续灌入混凝土,严禁中途停工,在灌注过程中经常用测锤探测混凝土面上升的高度,监测混凝土灌注是否正常。在每次提升导管前必须探测混凝土高度,以确定拆管长度,保证拆掉上部导管后下部的导管埋入混凝土的深度仍不小于 2.0m。

4.7.4.2　承台施工

(1)桩基施工完毕,养护到设计强度后进行承台施工。首先将桩顶部分混凝土用钎子凿除至桩顶设计标高,使其符合规范和设计要求。定出承台高程和平面位置,对每一承台各设一组十字桩,用以控制承台的纵轴和横轴,并且将十字桩砌砖护起来,以备校核。

图 4-7　混凝土灌注

(2)精确放出承台的四周结构线及承台底标高,采用人工配合机械开槽,基槽开挖完毕,复核槽底高程,精确放出承台的边线,然后浇筑垫层混凝土。

(3)垫层施工完毕后,在其上放出承台边线及高程线,预埋墩柱钢筋。

(4)承台模板采用定型钢模板,内侧刷优质脱模剂,模板外侧采用顶丝支撑,支撑必须牢固可靠,混凝土浇筑过程中不得出现变形和位移。

(5)承台钢筋、模板经监理工程师验收合格后,浇筑混凝土。承台混凝土分层浇筑、振捣,对于桩头附近钢筋较密的区域,加强振捣,防止漏振。

(6)承台混凝土体积较大,采取以下方法降低水化热,防止出现裂缝:①选用矿渣硅酸盐水泥或粉煤灰硅酸盐水泥等水化热低、凝结时间长的水泥拌制混凝土;②在混凝土中掺入缓凝剂、减水剂和减少水化热的掺合料;③在保证混凝土强度和坍落度的前提下,提高掺合料和集料的含量,降低单方混凝土中水泥的含量;④混凝土浇筑后,加强养生,防止裂缝产生。

4.7.4.3 墩柱施工

墩柱模板采用定型钢模板,混凝土采用混凝土搅拌运输车运至现场、吊斗输送。

1)施工顺序

墩柱放线→墩底混凝土凿毛并清理→绑扎墩柱钢筋→安装墩柱模板→浇筑墩柱混凝土→模板拆除→混凝土养护。

2)施工方法

(1)墩柱钢筋绑扎时,严格控制墩柱箍筋加密区的位置及间距,仔细考虑系梁钢筋插入墩柱内的锚固长度及钢筋位置相互冲突时的处理措施。

(2)墩柱模板:本标段墩柱模板全部使用专门加工的定型圆柱钢模板,保证墩柱成型质量良好(见图4-8)。

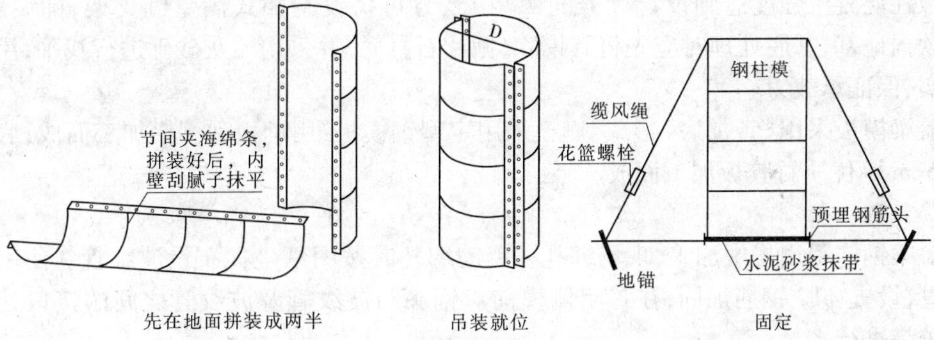

图4-8 柱模支设

(3)墩柱模板安装采用地面拼装成型、整体套装的方法,安装和拆除用8t或16t吊车进行,人工配合。

(4)浇筑混凝土之前,须先在墩柱底部浇筑5cm厚的同标号砂浆,利于施工缝的结合及防止烂根。

(5)混凝土采用搅拌站搅拌,混凝土罐车运输、吊斗输送。墩柱混凝土浇筑应特别注意控制混凝土的坍落度及和易性。浇筑应分层进行、分层振捣,分层厚度不超过35cm,浇筑上层混凝土时,振捣棒应插入下层5~10cm,以利于层间结合。每次浇筑混凝土应连续进行,不得间歇留施工缝。

(6)混凝土浇筑12h后进行浇水养护,当拆除墩柱模板后,应及时包裹塑料膜进行保水养护,不少于7d。

4.7.4.4　桥台施工

1)施工顺序

立柱或承台接茬部位凿毛→绑扎钢筋→支立模板→浇筑混凝土→养生→桥背回填。

2)主要工序施工方法

(1)在承台混凝土达到一定强度时,开始底口凿毛,凿除表层到全部新鲜骨料并清理干净。

(2)根据控制点弹出结构边线和支模检查线,以备支模。

(3)钢筋由加工厂加工,现场搭设架子进行绑扎,垫块梅花形布置,间距不大于50cm。

(4)模板采用15mm厚的多层板与型钢组合而成的钢木组合模板,采用对拉螺栓和10cm×10cm方木斜撑固定。

(5)混凝土采用搅拌站搅拌,罐车运送,泵车浇筑,插入式振捣棒振捣,每层厚度不大于30cm。

(6)由于桥台为大体积混凝土,因此拆模时间应适当延长,并及时洒水湿润养生,防止混凝土表面开裂。

4.7.4.5　盖梁施工

1)安装支架和模板

墩柱混凝土强度达到设计标号的75%后,方可搭设碗扣式满堂红支架,铺设底模。对于软弱地基,基底处理时应先将其挖除,抛片石打底,并采用二灰砂砾进行找平,用压路机压实,保证承载力。

盖梁模板采用“帮加底”形式,侧模采用定型钢模板,用钢板和型钢加工而成;底模采用1.5cm厚优质竹胶板加工而成。

2)钢筋

盖梁钢筋采用集中加工,现场绑扎。钢筋绑扎时按图纸坐标布设波纹管。使用成品波纹管,设置$\phi12$钢筋加固,在封闭侧模前对锚头与波纹管及波纹管之间的接口处缠绕塑料胶带进行密封。

3)混凝土浇筑

浇筑混凝土前认真检查、固定预埋件,无误后方可浇筑混凝土。混凝土由拌和站供应,混凝土罐车运输,汽车吊吊斗提升,插入式振捣器振捣。盖梁浇筑作业中严格分层进行,由中间向两侧浇筑。

4.7.4.6　支座安装

安装前,在桥台或盖梁上精确定出支座位置并放出支座边线。桥台上放置支座部位的混凝土表面应平整清洁,必要时用人工清理干净,并保证混凝土表面干燥无水分及灰尘,以保证整个面积上的压力均匀。支座安装温度控制在20~25℃范围内。同时用水准仪测量出支座顶标高,与设计支座顶误差必须在规范允许范围内。

4.7.4.7　预制梁板安装

本标段预应力空心板采用吊车吊装,互通主线桥预制箱梁采用架桥机安装。

梁板采用炮车运输,梁板与炮车车体绑扎牢固,一次运一片梁板,并且支点位置应准确。

1）预应力空心板吊装

预应力空心板采用吊车吊装，梁板经混凝土养护达到设计强度的90%以上方可吊装。

(1)工艺流程：

平整场地→修整运输道路→测量放线→支座安装→预制梁运输→吊车就位→支座安装→吊梁就位。

(2)主要工法：

①梁板吊装顺序根据流水作业需要，采用逐孔推进的方法进行，一孔安装完毕后，才能进行相邻孔的安装。

②吊装过程中安排专人指挥吊车，空心板就位后，检查梁底与支座是否紧密压实、梁端距中线的距离及垂直度，满足要求后方可摘钩，进行下一片空心板的吊装(见图4-9)。

2）架桥机架梁

预制箱梁经验收合格后方可吊装。采用双导梁架桥机架梁进行安装(见图4-10)。

图4-9　梁体吊装

图4-10　架桥机架梁

(1)工艺流程：

架桥机拼装就位→导梁前移就位→梁板运输→梁板起吊→纵移梁板→横移梁板就位→落梁安装→梁板临时固定→下一片梁。

(2)主要架梁工法：

①架桥机组装就位。架桥机采用贝雷桁架拼装，两主纵梁安装在片梁当中，以保证运行时下部稳定，横梁同样采用贝雷架拼装，横梁设行走平车两组，横梁及平车在主纵梁钢轨上纵向运行，在横梁顶面设卷扬机两台，可吊卸、安装梁。

②轨道铺设及试运行。运输轨道采用标准轨距，可根据安装情况向前沿伸。台后轨道设置在运输引道上，因轨道的安置受预制梁梁顶预留筋的影响，可将预留筋打平后铺砂，再将道轨焊置于预留筋上，待运输轨道拆除后再将预留筋恢复。

横梁的运行轨道固定在主纵梁顶面，横梁下的行走平车携带安装梁在轨道上运行。

架桥机横移行走轨道：架桥机中部桥墩及前端桥墩上设横向运行轨道，由前后行走支架轮携带安装梁横向整体移位。

③梁体的运输、安装就位。箱梁按编号从预制场提取，用由门架吊至运输引道上的平车上支撑固定，由卷扬机牵引平车至导梁下。

用架桥机吊起箱梁,纵向运行至待安桥孔后,降低箱梁高度,并将架桥机活接头处断开,断开后架桥机后半部分留在原处不动,前半部分带箱梁沿横向运行轨道运行至该箱梁正确的安装位置,放下,检查垂直度和平面位置无误后即完成该箱梁的安装。当安装边梁时,不能一次就位,可先将边梁暂时置于墩帽上能运行到的位置,然后通过导梁前端与中部的吊挂组件转换吊钩,重新吊起该梁再由架桥机前半部分横移将该梁安装到位,进行临时固定,焊接横向连梁钢板。该跨最后一片板安装就位后,导轨沿刚安装完的一跨向前沿伸铺设,横梁移至后半部分,整个架桥机纵梁向前沿伸,至下一跨盖梁顶,落下前支点铺设横向行走轨道,开始下一跨的安装。

4.7.4.8 现浇预应力混凝土箱梁施工

本标段阿深立交主线桥第5~11跨和A、B、C、D匝道桥以及两座天桥上部结构采用现浇预应力混凝土连续箱梁。

1)现浇预应力混凝土连续箱梁施工工艺流程

梁板支架地基处理→模板支架安装→梁板模板安装→绑扎梁板底筋及梁腹板筋→安装箱梁芯模及波纹管→绑扎箱梁上层筋及预埋护栏筋→箱梁浇筑混凝土→养生→预应力张拉→注浆、封锚→养生。

2)主要工程项目施工方法

(1)支架地基处理。将桥梁支架地基部位整平碾压密实后,根据地质情况,如地质条件较差时,上部回填3:7石灰土30cm。支架安装前下铺5cm×20cm厚木板一层,板底用砂找平。地基两侧顺桥向各设排水沟一道,排水系统要畅通,以免雨水浸泡地基。

(2)支架搭设。支架采用满堂红碗扣式脚手架(见图4-11),根据支架受力计算确定碗扣架立杆及水平杆间距,支架搭设时在支架底部铺通长垫板,然后安装脚手架底托,安装碗扣支架主杆及水平杆,安装支架可调顶托,安装纵向工字钢、横向方管及翼缘支架,铺装模板。对于跨路部分的箱梁施工,在相应位置预留4m×5m的门洞,保持道路通畅,门洞采用30号工字钢作为支撑体系,保证支架的稳定性。

图4-11 现浇箱梁支架

(3)安装箱梁模板。箱梁模板采用15mm厚双面覆膜胶合板模板,梁的外露面一律采用整张模板拼接,不能安装整张模板时,制作小窄模,模板安装要求标高及坡度、截面尺寸等符合设计要求,拼缝要求板面平整,接缝严密,符合施工规范要求。现浇连续箱梁模板支撑体系见图4-12。

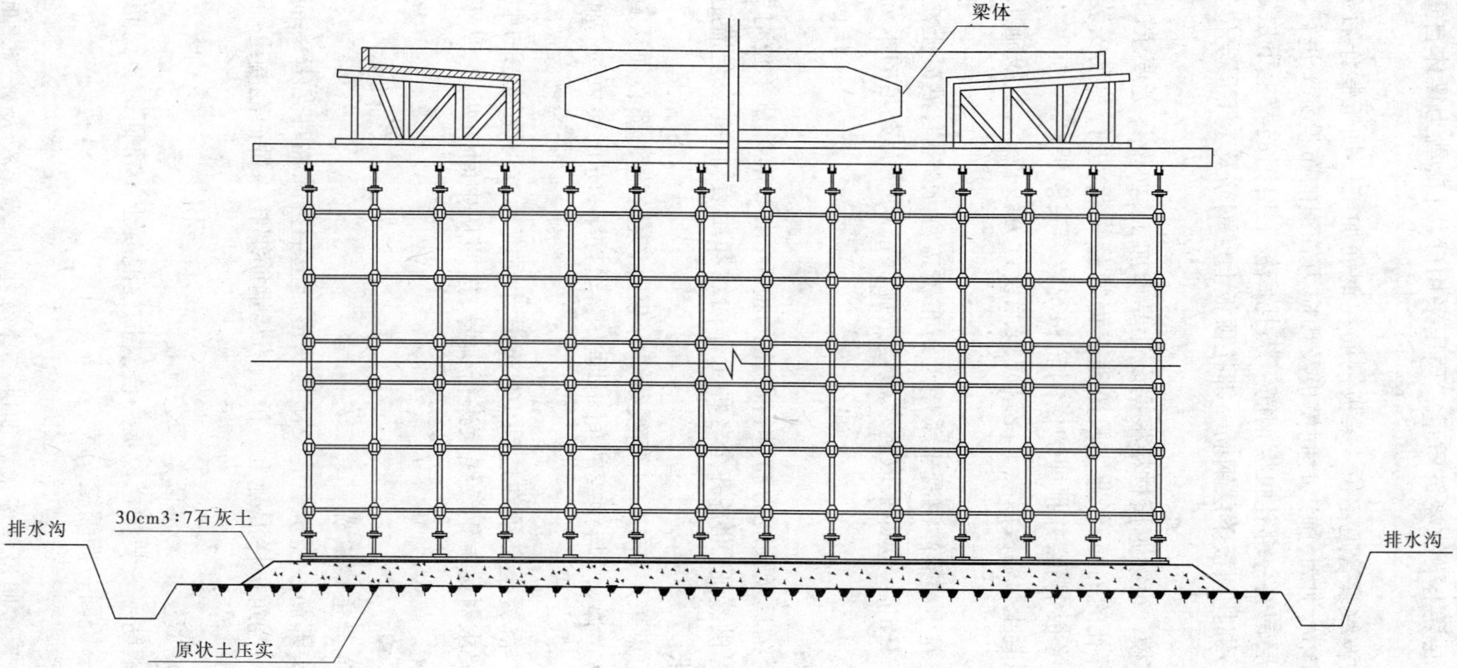

图4-12 现浇混凝土箱梁模板支撑体系图

(4)模板及支架预压。底模支完后，进行预压，以减少和消除支架的非弹性变形和地基不均匀沉降，确保混凝土梁的浇筑质量。预压采用砂袋，荷载为梁体自重的100%，时间为48～72h。

(5)钢筋绑扎及波纹管管道定位。梁板钢筋在钢筋加工厂加工制作后分类编号运往现场，在现场绑扎、定位、加固，施工时同模板及预应力管道的布设穿叉进行。其主要工艺流程为：绑扎底板下层钢筋→绑扎腹板钢筋→绑扎底板上层钢筋及上下层定位筋→波纹管安放→安放芯模→绑扎顶板下层钢筋→绑扎顶板上层钢筋及上下层定位钢筋→检查管道和锚垫板位置。

(6)安装箱梁芯模。箱梁芯模材料根据设计要求加工，如设计无要求时，按照业主规定加工制作。对已绑扎的钢筋，经业主及监理工程师验收后，进行芯模安装，将芯模固定好后，绑扎顶板及翼缘板钢筋，并预埋护栏钢筋和安装端头模板。

(7)浇筑梁板混凝土。梁板混凝土浇筑应按照设计分段位置，分段施工，每段混凝土应一次浇筑完成。

(8)梁体混凝土养生。梁体混凝土采用无纺布覆盖洒水养护，混凝土浇筑完毕后，待混凝土强度达到1.2MPa后，立即采取洒水覆盖措施保证构件有充足的水分，以防止混凝土表面开裂。

(9)预应力张拉：

①张拉准备。对锚具及预应力筋进行严格的检验；由标准计量单位对张拉设备及仪表进行标定测试并提供签证；准备齐全各种工作曲线和用表；检查安全措施；张拉台架必须满足各种测试要求。

②穿束。预应力束采用ϕj15.24钢绞线。穿束时，束的端头都必须认真处理，钢绞线的前端要套“弹头”，“弹头”与钢绞线间用埋头螺丝拧牢，防止穿束时“弹头”掉入管道内。

③预应力张拉。混凝土必须在达到100%设计强度后方可张拉，采用YCW300千斤顶。张拉前按图纸要求对梁端钢绞线束进行编号，按照从中间向两边、从下向上的顺序，对称张拉。

4.7.4.9 桥面系施工

1)预制预应力混凝土梁板桥面系工艺流程

梁板缝及湿接头绑筋→浇筑板缝及湿接头混凝土→拆除临时支座→绑扎防撞护栏钢筋→安装护栏模板→浇筑护栏混凝土→桥面铺装钢筋绑扎→桥面混凝土铺装→防水层→桥面→伸缩缝安装。

2)现浇预应力混凝土箱梁桥面系工艺流程

绑扎防撞护栏钢筋→安装护栏模板→浇筑护栏混凝土→桥面铺装钢筋绑扎→桥面混凝土铺装→防水层→桥面→伸缩缝安装。

3)梁板缝及湿接头施工

梁板吊装就位后，按照设计要求立即进行连续接头、横系梁及板缝之间的钢筋连接，湿接头模板底模采用竹胶板悬吊安装，堵头模板和侧模用竹胶板拼装（见图4-13）。湿接头钢筋采用双面搭接焊，焊缝长度、高度符合规范要求。湿接头混凝土浇筑时，振捣棒不能破坏底模。

4)护栏施工

(1)工艺流程：护栏放线→护栏底混凝土凿毛及清理→护栏预埋筋理顺→绑扎护栏钢筋→安装护栏模板→浇筑护栏混凝土→混凝土护栏拆模→养护→焊接安装钢管护栏。

(2)主要施工方法：护栏模板采用定型钢模板，钢模板制作长度为2m一节，以保证混凝土护栏成型后圆滑顺直为原则，模板拼接应板面平整，接缝严密不漏浆，固定牢靠、尺寸准确。

混凝土拌和好后，用小型翻斗车运送到现场，吊车用吊斗垂直运输混凝土。

护栏混凝土也采取分层浇筑分层振捣密实。浇筑到顶面后，固定好预埋件位置并将混凝土表面抹面压光。养护时间不少于7d。

图4-13　梁板缝及湿接头施工

5)桥面铺装施工

湿接头施工完成后，清理桥面，然后绑扎钢筋网片，再进行冲筋：按设计标高做灰饼，然后根据灰饼冲筋，灰饼与冲筋所用混凝土要与铺装层混凝土同标号。混凝土铺筑分区进行，对称安放振动梁导轨并调整好高度。采用泵送混凝土，混凝土摊铺时，混凝土面高程应高出设计高程2~3cm，先用插入式振捣棒振捣密实，再用双钢管振动梁沿导轨进行表面振捣及整平。人工用木抹子抹平，初凝后进行二次抹面，并用拉毛器拉毛。覆盖彩条布或塑料薄膜养护7d，防止混凝土出现裂纹。

4.7.5　盖板涵、通道施工

4.7.5.1　工艺流程

测量放线→开槽→基础模板、钢筋→基础混凝土浇筑→台身钢筋、模板→台身混凝土浇筑→台帽模板、钢筋→台帽混凝土浇筑→盖板安装→板缝混凝土浇筑→帽石、翼墙等附属工程。

4.7.5.2　施工方法

(1)根据盖板通道基础形式测量放线，并拴桩定位，视其土方开挖量大小决定机械或人工施工。机械开挖必须保留20cm人工开挖。

(2)将加工的钢筋按图纸绑扎，对于部分台身、台帽钢筋需视情况搭设脚手架以固定钢筋和便于施工。绑扎完砂浆垫块后，安装模板就位。注意留置台帽抱箍模板所需预留孔。在桥台台帽施工时注意留设搭板预埋锚栓。

(3)混凝土浇筑方法与墩柱浇筑方法相同。

(4)台帽混凝土达到设计要求后，测量放盖板位置线，采用汽车吊安装。注意在安装之前应检查构件尺寸、涵台尺寸和涵台间距，并核对其高程，调整构件位置使与沉降缝重合，安装时注意调整板的位置和缝宽。

(5)主体结构施工完毕后，测量放八字翼墙大样，支模浇筑混凝土基础并砌筑浆砌片石翼墙墙身。

4.7.6　**预制构件**

4.7.6.1　预制构件场地准备

本标段预制构件主要包括：16m 先张法预应力混凝土空心板 123 片；35m 后张法预应力混凝土箱梁 72 片，以及钢筋混凝土盖板等。

预制厂共建设成 2 条箱梁生产线，每条生产线设 3 个台座；4 条空心板生产线，每条生产线设 4 个台座；设两台龙门吊负责模板吊装、混凝土浇筑、预制构件吊运等工作（见图 4-14）。

4.7.6.2　预应力构件施工工艺流程

1）后张法施工

台座、模板、张拉机具准备→绑扎普通钢筋→穿波纹管→安装侧模板→安装内模→顶板钢筋绑扎→安装端头模板→检测及校正各部尺寸→浇筑混凝土→混凝土梁体养生→拆模、清理孔道→穿钢绞线→预应力张拉、锚固→孔道压浆→端头封锚→起吊、存梁。

图 4-14　预制构件生产场

2）先张法施工

梁台座预制→布设钢绞线→预应力张拉→普通钢筋绑扎→侧模、芯模固定→浇筑混凝土→养生→预应力放张→移梁就位。

4.7.6.3　主要施工方法

1）预制梁台座制作

先张法预制梁台座制作采用就地现浇钢筋混凝土基座，底模表面用铁抹子压光。混凝土台座边框以及张拉时采用的横梁必须经过严格计算，确定满足受力要求后才能投入使用。后张法台座还要留出预拱度。

2）张拉机具及锚具

张拉机具与锚具配套使用，在进厂时检查和校验。张拉机具由专人使用和保管，经常维护，定期校验。千斤顶的精度在使用前校准。锚具进场时进行外观检查，不得有裂纹、伤痕、锈蚀，尺寸不得超过允许偏差。对锚具的强度、硬度、锚固能力进行检验，符合要求时才能验收和使用。

3）预应力钢绞线

预应力钢绞线的各种性能要符合规范和文件要求，并经过业主指定的部门检测合格后方可使用。对每次到货的预应力钢绞线，向监理工程师报送 3 份经批准的实验室签发的质检证书副本。钢绞线下料前用机械方法调直。

4）波纹管

后张预应力钢绞线管道采用波纹管，安装前应通过 1kN 径向力的作用下不变形的试验，同时做灌水试验以检查波纹管有无渗漏现象，确无渗漏、变形时方可使用。

5）模板安装

（1）模板必须有足够的刚度，接缝紧密，不得漏浆。

(2)如发现漏浆现象,应用海绵胶条贴于接缝处挤紧并及时修整模板。

(3)注意核对结构交角是否与该型号梁相符、方向一致。

(4)模板底部支撑一定要足够,并牢固,防止跑模、胀模。

(5)隔离剂涂刷要均匀,尤其是转角处要严格检查。

(6)检查合格后待检验,经监理认可后方可进行下道工序。

(7)先张空心板梁芯模采用充气胶囊,箱梁采用预制成型的定型钢模。

6)混凝土施工

混凝土在拌和站集中拌和,用罐车运至预制场,采用龙门吊加吊斗进行混凝土浇筑,采用插入式振捣器振捣。振捣器振捣时,注意先张法施工不碰预应力筋,后张法施工不碰波纹管。

7)混凝土养护

混凝土采用麻袋片覆盖洒水养生的方法养护,一般在7~10d即可达到设计强度90%的要求。需要注意的是,在炎热季节混凝土浇筑完毕后,应搭设养护棚,防止日光暴晒。而在冬季则必须采用蒸汽养生,防止预制构件受冻。

8)预应力张拉

(1)预应力主筋采用应力和应变双控张拉施工。张拉时测量取应力筋的伸长值,伸长值在初始张拉时开始,记到锚固时的值为实测,实测伸长值应控制在(100±6)%理论伸长值范围内,否则应停止张拉,分析原因。

后张法张拉程序:0→初应力→σ_{con}(持荷2min)→σ_{con}锚固。

先张法张拉程序:0→初应力→1.05σ_{con}(持荷2min)→0→σ_{con}锚固。

(2)后张法施工时,当混凝土强度达到90%时方可进行张拉。张拉顺序按照先上后下、先中间后两侧的顺序进行,以免造成偏心受压。梁体中心线两侧孔道对称张拉,以免梁体侧弯。

(3)灌浆封锚:张拉完毕后及时灌浆。灰浆采用42.5号硅酸盐水泥或普通硅酸盐水泥。灰浆水灰比采用0.40~0.45,所用水泥龄期不超过一个月。灌浆前,吹入无油分的压缩空气清洗管道,接着用含有0.01kg/L生石灰的清水冲洗干净,直到将松散颗粒除去及清水排除为止。再用无油的压缩空气吹干管道。

9)先张预应力放张

先张法施工当混凝土强度达到设计规定的强度时,放张预应力筋。预应力钢筋的放张顺序应符合图纸设计要求,图纸未规定时,应分阶段、对称、相互交错地放张。放张采用砂箱减荷,放砂时应均匀、缓慢。放张后预应力钢材端部应截断到与混凝土表面平齐,并涂一层防腐剂或用砂浆封闭。

4.7.7 防护工程

本合同段路基防护主要采用混凝土预制块+三维网植草或植紫穗槐等形式。

混凝土预制块由预制厂集中生产,植草护坡工程由专业绿化队伍施工。施工时,应根据当地气候、水文、土壤土质等情况选择草种。植草前将边坡修整完毕,再进行护坡放样。放样完毕后铺设三维网垫,铺设时用竹钉将土工网固定,竹钉间距30cm,网垫搭接时,搭接长度不小于20cm,搭接处竹钉加密一倍。随后用种植土将三维网垫盖住,并向边坡撒草籽,由于草籽较轻,可将草籽掺入土内进行撒播。散播后立即在草籽上部撒布种植土,并人工进行压实。随后用洒水车喷水,保证草籽发芽。

4.7.8 安全设施与管线预埋

在工程后期,做好交通安全设施与管线预埋工程的配合工作。土建施工内容包括:人孔 11 个、手孔 15 个、紧急电话平台 8 个,铺设 12 孔 $\phi40/33$ 硅芯管 4 100m、$4\phi114\times4$ 镀锌钢管 135m、$2\phi114\times4$ 镀锌钢管 260m,制作并安装玻璃钢管箱 190m、过桥托架 100 个。施工时严格按照相关技术规范进行施工。

4.8 质量体系及保证措施

4.8.1 质量目标

工程竣工经验收质量达到交通部《公路工程质量检验评定标准》(JTJ071—98)中的优良等级,单位工程优良率 90%,创"国家优质工程"。

4.8.2 质量保证体系

根据 ISO9001 质量管理体系标准和我公司质量管理体系文件规定,结合我公司以往从事类似工程的经验,从组织机构、思想教育、技术管理、施工管理以及规章制度等五个方面建立符合本标段实际的质量保证体系。质量保证体系由项目经理负责,项目总工、生产副经理组织实施,项目部设专职质检工程师,作业队设专职质量员负责现场检查,形成项目部、作业队二级管理系统,形成一个"横向到边、纵向到底"的质量保证体系(见图 4-15)。

4.8.3 质量保证措施

4.8.3.1 组织保证措施

(1)建立以项目经理为组长,项目副经理、总工程师为副组长,项目经理部相关部门负责人、作业队长、技术主管为组员的全面质量管理领导小组,根据工程情况在各施工作业队建立以作业队长为组长的 QC 活动小组,并隶属项目经理部全面质量管理小组领导。

(2)由质量管理领导小组制定质量管理机构及人员的质量职责。将质量管理细化分工到个人,做到职责明确,工作内容清楚,形成质量工作人人有责的工作氛围。

(3)全面按照投标文件中确定的具有丰富经验的类似项目工程施工经验的施工队伍和技术、管理人员投入本工程,以保证施工顺利进行和质量的保证。

(4)由全面质量管理领导小组建立健全各种质量管理的规章制度,并由小组成员分头负责,根据各单位工程的具体情况制订质量计划、质量标准及操作工艺,并通过质量监督检查工作确保贯彻落实。

(5)每半月组织全面质量管理领导小组成员召开总结会,总结前一段质量管理工作,制定下一段工程工作内容。

4.8.3.2 思想教育保证措施

(1)在本标段参施职工中,由总工程师牵头,各作业队和项目部各部室积极配合,广泛开展"责任、市场"质量观教育,使广大职工加强全员质量意识,牢固树立"百年大计,质量第一"的思想。

(2)在施工过程中,由总工程师牵头,项目部技术、质量人员配合,不定期组织职工培

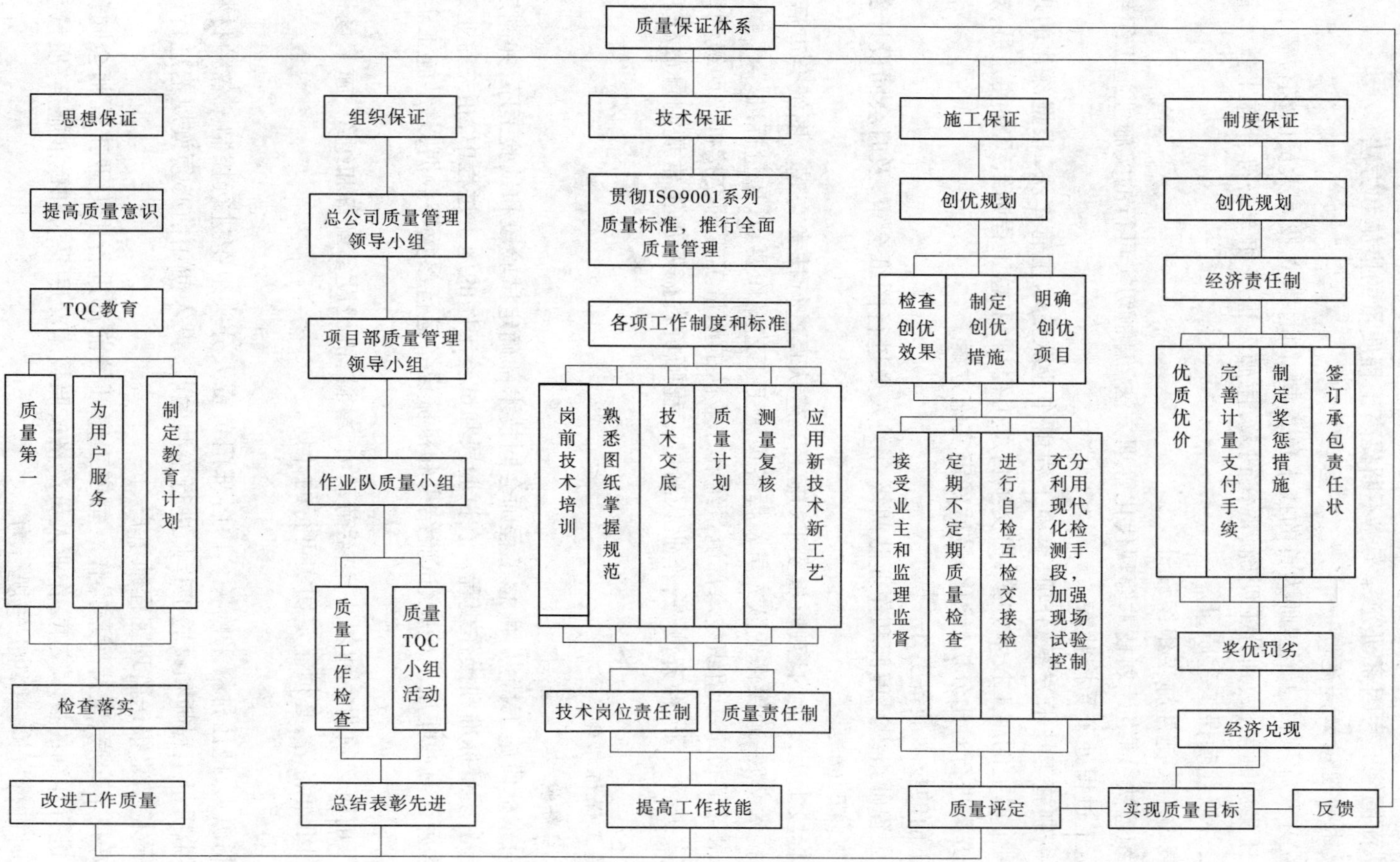
质量保证体系
思想保证
提高质量意识
TQC教育
质量第一
为用户服务
制定教育计划
检查落实
改进工作质量
组织保证
总公司质量管理领导小组
项目部质量管理领导小组
作业队质量小组
质量工作检查
质量TQC小组活动
总结表彰先进
技术保证
贯彻ISO9001系列质量标准，推行全面质量管理
各项工作制度和标准
岗前技术培训
熟悉图纸掌握规范
技术交底
质量计划
测量复核
应用新技术新工艺
技术岗位责任制
质量责任制
提高工作技能
施工保证
创优规划
检查创优效果
制定创优措施
明确创优项目
接受业主和监理监督
定期不定期质量检查
进行自检互检交接检
充分利用现代化检测手段，加强现场试验控制
质量评定
制度保证
创优规划
经济责任制
优质优价
完善计量支付手续
制定奖惩措施
签订承包责任状
奖优罚劣
经济兑现
实现质量目标
反馈

图 4-15　质量保证体系

训，深入开展全面质量管理教育，使参施员工深刻认识人、机、料、法、环五大因素对工程质量的影响，从而围绕五大因素研究并实施不断提高工程质量的措施和方法。

4.8.3.3 技术管理保证措施

(1)建立并实施项目总工程师为首的技术负责制，同时建立技术人员的岗位责任制，健全技术责任奖惩制度，做到分工明确，责任到人，使施工程序和方法符合施工技术管理制度的要求，并以此确保工程质量。

(2)认真编制实施性施工组织设计。

①运用统筹法、网络计划技术等现代化管理方法，编制切实可行的实施性施工组织设计，使整个施工过程处于受控状态。

②认真编制施工技术方案，分项、单项工程由作业队技术主管牵头，根据深化的现场调查，提出两个以上的施工技术方案，提交项目总工程师，由总工程师组织有关人员，对所提出的技术方案进行对比分析、优化，最后确定实施方案。

(3)施工前的技术准备工作。

①由总工程师组织经理部和作业队两级有关人员进行图纸会审，及时会同设计部门和业主解决发现的问题。

②对本标段工程设计内容、质量要求、施工工艺认真进行技术交底。图纸会审后，逐级进行书面技术交底，确保作业队人员掌握各项施工工艺操作要点、质量标准。

③由技术部部长牵头组织技术部测量组和作业队的测量工程师交接桩。两级测量工程师必须认真进行复测，补齐测桩，作业队测量工程师负责搞好施工常规测量放样和复测。

4.8.3.4 施工保证措施

1)施工准备阶段

(1)针对本标段施工特点，由总工程师会同技术部确定试验段和试验工序，并制定详细的工艺流程、质量标准和操作规程。在试验段和试验工序的施工过程中，相关专业工程师、质量工程师认真收集质量检验、试验结果和机械设备运行参数等数据，总结施工工艺，指导规模生产。

(2)开工前所必须的各种条件，包括劳动力、材料、机械设备配备和组织、施工场地的布置、施工图纸准备等，必须制定切实可行的计划。

2)施工实施阶段

(1)控制源头，把住材料采购关。由各部门负责人分头组织进行控制。各种材料到达工地必须由质量工程师和试验工程师进行检测验收，投入使用前必须按规范进行试验并将材料的质检结果报送监理工程师审查。

(2)搞好技术交底，坚持按章操作。每道工序开始前都进行由专业工程师会同班长对作业人员进行详细的技术交底，作业人员严格按照技术交底要求和标准施工，质量工程师和班长随时进行自检，并纠正违规行为。

(3)狠抓过程控制，建立工程质量动态管理办法。建立工程质量数据库，并将各项检测结果逐日绘制工程质量指标管理图，同时随工程进展分阶段绘制施工质量直方图和正态分布曲线。

3)施工过程监督及检查

(1)建立健全项目部监督检查和作业队、班组自检的质量监督检查制度,强化以项目质检工程师为核心的工程质量监察系统。

(2)建立工序交接制度,实行工序质量考核负责制。

(3)对混凝土工程等关键工序项目,实行旁站监督,整个施工过程都将置于质量工程师和试验工程师的现场监督之下。

4.9 工期保证措施

4.9.1 工期目标

本次土建工程招标总工期为20个月,我公司将严格按照业主的工期要求进行施工,决不拖延。

4.9.2 制度保证措施

(1)制定分级控制保证计划。根据总体控制计划编制月控制计划,根据月控制计划编制旬计划,旬计划根据前5天的实际完成情况调整后5天的计划。同时根据进度计划合理安排劳动力和投入生产设备。

(2)建立生产计划考核制度,编制周密、详尽的施工生产计划,以天保旬,以旬保月,每季度对各作业队生产计划的完成情况进行考核。并加强例会制度,解决矛盾,协调关系。

(3)积极推广"样板段"工程施工,掀起"赛质量、赛进度、赛效益"的劳动大干高潮,利用奖励机制调动施工人员的劳动积极性。

(4)建立健全工期保证岗位责任制,层层签订工期承包责任状。

4.9.3 技术保证措施

(1)根据现场实际情况和业主的安排,进一步优化和及时编制实施性施工组织设计,为实现工期目标提供更加科学、合理和有序的施工组织方案。

(2)施工计划安排时,制定分阶段的关键控制点。对全线工程关键控制点——路基土石方与中桥施工进行周密安排。

(3)建立网络施工计划,编制分季和分月进度计划安排,并制定完成计划的各项具体措施。

4.9.4 设备物资保证措施

(1)各施工区段根据各区段施工时模板、支架的周转情况分不同时间开工,并提高模板、支架周转次数及利用率。

(2)正确地选配和按计划调遣机械设备,为工程提供最佳的技术装备;做好机械设备的日常维护、维修和保养,保证设备处于良好状态;同时合理利用机械设备,提高机械化生产的使用效率和经济效益。

(3)制定切实可行的材料加工、购买进场计划,确保原材料进场,保证材料及时进场到位,避免二次倒运。

4.9.5 后勤保证措施

(1)处理好地方关系。加强与地方政府和当地群众的联系,取得政府和群众对工程建设的理解与支持，搞好征地拆迁工作，不留后遗症，为工程的顺利施工创造一个良好的外界环境。

(2)做好后勤生活保障工作。尽力做好生活物资的供应，使参施员工以饱满的热情投入到工作中去。

4.10 安全体系及保证措施

4.10.1 安全方针和目标

(1)安全方针：安全第一，预防为主。

(2)安全目标：实现“四无”、“一控制”、“一达标”。

4.10.2 安全保证体系

项目上建立以项目经理为首，由现场经理、专业责任工程师、专职安全员、工长、班组长等各方面的管理人员组成的安全保证体系。

4.10.3 现场安全施工措施

4.10.3.1 安全防护

(1)凡开挖槽、坑、沟深度超过1.5m，必须按规定放坡或加可靠支撑并设置人员上下坡道或爬梯。开挖深度超过2m的，必须在边沿处设置两道不低于1.2m高的护身栏，刷红白间隔油漆，并设专用人员马道。施工期间白天设警示牌，夜间设红色标志灯。

(2)槽、坑、沟边1m范围内不准堆土、堆料、停放机具，槽、坑、沟与建筑物、构筑物的距离不得小于1.5m。

(3)支搭脚手架时做到不积水、不沉陷，立杆下设底托，底托下铺5cm厚、20cm宽的通板。

(4)安装和拆除模板时，司机和信号工密切配合，以防模板碰撞其他物体。指挥挂钩和安装人员必须注意检查吊索具的安全可靠性能。

(5)施工场地设置交通标示灯、交通禁示牌，做好交通运输的安全工作。

(6)钻孔工作平台四周设护栏，不使用的桩孔加盖，防止人员落水或杂物掉进孔内。

4.10.3.2 机械安全

(1)中、小型机械要做到清洁、润滑、紧固、调整、防腐好，安全防护得力，确保机况良好。

(2)搅拌机安装要符合规定，在机棚明显处悬挂安全操作规程和设备负责人牌。

(3)搅拌机作业完毕，及时将机内、水箱内、管道内的存料、积水放尽，将料斗升高，插上保险销；清理工作场地；切断电源，锁好电闸箱。清理搅拌仓时，必须拉闸断电上锁，并设专人监护。

(4)机动翻斗车应设置防雨、防砸车棚。往槽、坑、沟卸料时，应保持安全距离，并设置挡墩。

(5)钢筋、木材加工设备要设置防雨棚，在机棚明显处悬挂安全操作规程和设备负责人牌。

(6)所有设备的皮带传动、链条传动和开式齿轮传动等都必须有防护罩，并固定牢固。

(7)对机械、设备的钢丝绳,应定期进行检查、保养。经检查,对已达到报废的钢丝绳应及时报废更换,安装新钢丝绳应符合要求。

4.11 季节性施工措施

4.11.1 冬期施工措施

本工程施工期间历经两个冬季,为保证工程质量,冬季不安排大面积路基土方和桥梁结构施工,主要安排路基处理、桥梁桩基等项目施工,现根据以上工程情况,制定如下冬季施工保证措施。

4.11.1.1 混凝土工程施工技术措施

(1)混凝土浇筑后用塑料薄膜、阻燃草帘覆盖,贯通式结构两端封堵严密,混凝土试块多做两组与结构同条件养护,按7d、14d试压以确定拆模时间。注意天气温度变化,一般情况下混凝土出机温度不低于15℃,入模温度不低于10℃。

(2)冬季施工混凝土优先选用硅酸盐水泥和普通硅酸盐水泥,水泥标号不低于425,最小水泥用量不宜少于300kg/m^3,水灰比不大于0.6。

(3)冬季混凝土施工,混凝土材料注意检查质量,混凝土搅拌时间大于180s,混凝土入模温度不低于10℃,灌筑后及时盖好草帘。混凝土运输必须合理安排,尽量减少运输时间和浇筑时间,混凝土运输车要加盖棉被保温。浇筑时外界气温不得低于-20℃。

(4)当外界气温低于5℃时,不得洒水养护。混凝土采用塑料布、电热毯、阻燃草帘及彩条布覆盖或包裹进行保温。在气温急剧变冷时,应采取搭设暖棚的方法养护混凝土。

(5)根据同条件下养护试件的检验,证明混凝土已达到要求的抗冻强度和拆模强度后,方可拆除模板。

4.11.1.2 路基工程

路基填筑必须在0℃以上进行碾压施工。白天路基作业必须碾压成型,并在当天成型的路基上覆盖下一层填料过夜。

4.11.2 雨季施工措施

雨季主要的施工项目为路基土石方,根据工程情况制定如下雨季施工保证措施。

(1)雨季施工前,根据现场具体情况确定可进行雨季施工地段,并编制实施性的雨季施工方案。

(2)雨季填筑路基时,随挖、随运、随填、随压,每层填土表面筑成3%的横坡,并在雨前和收工前将铺填好的松土碾压密实。当回填土的土质含水量偏大时,采用晾晒或掺灰处理。

(3)在路基作业面两侧边缘做临时挡水埂,埂每隔30m用塑料布沿路基边坡做临时泄水槽,避免冲刷边坡同时雨后及时整修边坡。

(4)做好材料、成品、半成品等遮盖防水工作,材料底面均垫高30cm以上,避免浸泡淋湿。同时在材料场地做好临时排水。

(5)随时与当地气象部门联系,及时掌握天气变化情况。根据天气预报合理安排施工,雨天尽可能不施工。

4.12 环境保护措施

环境卫生的保护与治理是当前环境保护工作的重点。施工过程中严格执行有关环保的法律规定,确保文明施工,达到环保要求。现针对本工程特点,制定以下环保体系与措施。

4.12.1 建立完善的环境保护体系

环境保护体系见图4-16。

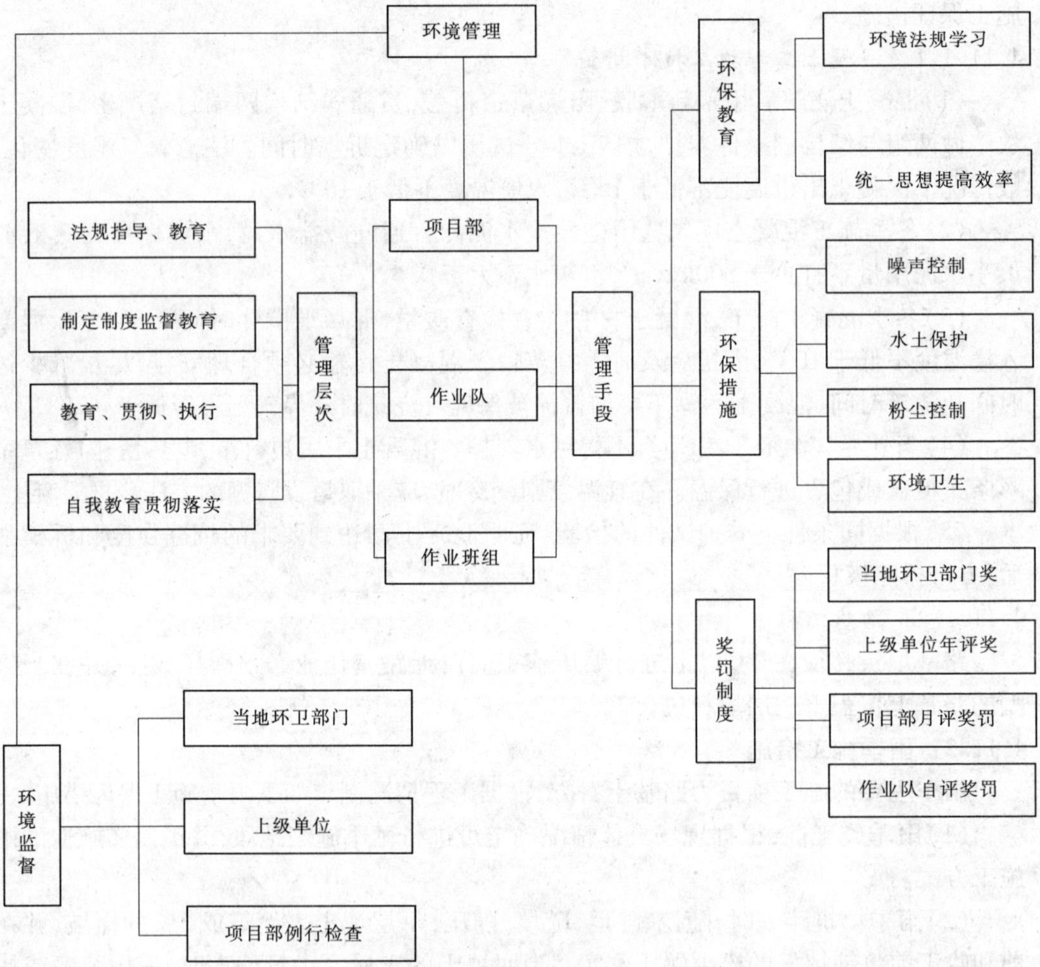

图4-16 环境保护体系

4.12.2 施工环境保护措施

(1)施工现场将成立环境保护领导小组。组长由项目经理担任,组员由现场环保员和工程人员组成。

(2)根据施工现场的实际情况制定出技术措施,防止施工造成大气、水源污染和噪声扰民。施工中要严格控制噪音。对噪音较大的工序尽量安排在白天施工,并在工地四周临界处按要求设置噪音控制点,定期进行噪音测试。白天控制在75dB以内,夜间控制在

55dB 内。产生巨大噪音的施工设备,采取加设消音器和搭设消音棚等措施降低噪音。

(3)施工现场设置的搅拌设备,搭设封闭式围挡及安装喷雾除尘装置。同时在搅拌站设置污水沉淀池,污水经过两级沉淀后排入附近排污管线。水泥和其他易飞扬的细颗粒散体材料,采取封闭、包扎、覆盖措施,不得沿途遗洒,卸运时应采取有效措施防止扬尘。

(4)施工现场使用的锅炉、茶炉、大灶必须符合环保要求。锅炉有消烟除尘设备,茶炉用消烟除尘型,食堂污水排放设置隔油池。

(5)针对当地干燥天气下容易产生沙尘的特点,施工现场制定洒水降尘制度,设立专职洒水降尘车辆,指定专人负责现场洒水降尘和清理浮土。

(6)对于钻孔灌注桩护壁泥浆不许随意排放到河流和沟塘,防止水源污染。我公司计划采用自行研制的泥浆循环再利用设备,把钻孔泥浆回收再利用。钻孔废渣用装载机弃运到指定地点处理。

4.13 现场文明施工及保护措施

施工过程中严格执行有关现场文明施工的规定,确保施工现场达标。

4.13.1 施工现场场容、场貌管理

(1)在施工中严格执行有关现场文明施工的规定,制定出以"方便人民生活,利于生产发展,维护环境卫生"为宗旨的文明施工措施。并结合本工程实际情况,成立以项目经理为组长的现场文明施工领导小组,建立健全文明施工管理规定,做到现场文明施工有章可循。

(2)施工现场临时设施必须严格按方案布置搭设,保证设施的牢固、整齐、美观。施工现场道路必须硬化处理,并做到排水畅通。施工车辆经过道路路口必须减速慢行,施工区内不得鸣高音喇叭。

(3)施工区域和生活区域明确划分。要建立严格的管理责任制,划分责任区,设置明显的标志牌,分片包干,责任到人,使现场和生活区整洁、文明、有序。

(4)施工现场入口悬挂醒目标志牌,画出施工总平面布置图,标明工程名称、施工单位、工期、项目负责人和监督电话,自觉接受社会监督。场地外墙以及其他地方必须有反映集团意识、企业精神、时代风貌的标志标语,工地内设宣传栏、黑板报等宣传阵地,及时反映工地内外各类动态。

(5)在人员密集的施工地段采用钢护栏的围蔽形式,路口采用硬性围挡进行全封闭,工地主要出入口设置交通指令性标志和警示灯,保证行人和车辆安全。

4.13.2 施工现场料具管理

(1)施工现场各种料具和构配件必须按施工平面布置图指定位置分类码放整齐。各种预制构件和模板的存放场地应平整夯实,有排水措施,构件和模板码放符合规定。

(2)袋装水泥应存放在库内,设专人管理;垛高度不大于 12 袋,袋装水泥与墙间隙不小于 15cm。水泥库内外散落灰必须及时清用,水泥袋进行打包、回收。

(3)搅拌机四周、拌料处及施工现场内无废弃砂浆、混凝土,砂浆、混凝土倒运以及浇筑混凝土时应采用容器或铺垫板等防撒落措施。

(4)砖、砂、石和其他散料随用随清,不留料底。工人操作应做完活料净脚下清。

5 简支T型桥梁施工组织设计

5.1 编制依据及原则

5.1.1 编制依据

(1)本合同段招标文件、技术规范等。

(2)工程现场考察情况。

(3)可投入本工程的施工技术力量和机械设备。

(4)现行的有关施工技术规范和工程验收规范。

(5)近年来在桥梁建设中使用的先进施工方法、工艺设备。

5.1.2 编制原则

(1)满足业主对工程工期、质量及安全生产、文明施工的要求。

(2)充分利用工作场地及施工机械设备,做到合理安排、连续生产。

(3)采用先进的施工工艺、施工技术,制定科学的施工方案。

5.2 工程概况

5.2.1 工程说明

××市陇海路石河道特大桥起于西区陇海路与和平路交叉中($X=3\ 846\ 959$,$Y=38\ 407\ 640.442$),即现体育馆南陇海路交警队家属楼前,向东穿孝大铁路,过××市耐火材料厂,横跨石河道、地方小化工厂,止于东区陇海路与嵩山路交叉中心($X=3\ 846\ 959$,$Y=38\ 409\ 050$)。

大桥为10孔,每孔均为50m,桥型采用简支T型梁,桥面简易连接,桥面标高183.0m,桥长510.26m,由东向西桥孔布置为1联5×50+1联5×50T型简支梁。下部结构为0号桥台采用胸墙式桥台,基础采用6根直径1.5m钻孔灌注桩群桩基础,桥墩采用三柱式墩。10号桥台采用三柱式桥台,基础采用6根直径1.5m钻孔灌注桩群桩基础。桥面净宽为21m+2.5m×2;引道宽度与桥梁同宽,总长为846.258m,路面采用沥青路面。

5.2.2 设计标准

(1)设计荷载:汽-超20,挂-120。

(2)桥面宽度:净宽21m+2×2.5m,全宽26m。

(3)桥面设计标高:183.00m。

(4)地震:地震基本烈度7度。

5.2.3 结构设计

(1)上部T梁采用XYM大吨位钢绞线预应力体系,钢绞线采用美国ASTM416—92a标准生产的250级ϕ15.24钢绞线,标准强度1 724MPa。预应力管道采用橡胶抽芯成型。

(2)上部T梁按部分预应力混凝土A类构件设计。

(3)上部结构采用柔性杆式桥面连续结构,连续杆不受弯矩。全桥共设3道伸缩缝,其位置为两桥台和5号中墩处,采用毛勒式伸缩缝。

(4)纵向水平力分析:在温度和制动力作用下,纵向水平力的分配考虑了桥面连续的作用,根据支座和墩台的组成刚度进行分配。

5.2.4 地形地貌

桥位处主河道宽50m左右,东西两边多为耕地,陡坎较多,地形起伏较大。地貌单元属黄土侵蚀阶地。

5.2.5 气象条件

桥位处所在区域属温带大陆性季风气候,旱年多,涝年少,夏季炎热,冬季寒冷。年平均气温14.6℃,最高气温43℃,最低气温-15.4℃,7月份最热,月平均气温27.4℃,1月份最冷,月平均气温-0.1℃。风向以东北、西南风为主,其次西北、东南风。多年平均风速3.2~9.8m/s,历史最大风速42m/s,年最大平均风速20m/s。年平均降水量584mm,多集中在夏季,日最大降雨量126mm。年平均无霜期214~234天,年平均日照时数2 512小时。最大冻土深度22cm,最大积雪深度21cm。

5.2.6 水文

河道上游有一水库,仅在雨季有水放出。此河道大多时间为旱河。

5.2.7 地质概况

沿桥轴线河槽内上层主要为亚黏土,该层的厚度为13.5m。亚黏土层下为卵石层,成分以火成岩为主,直径一般为20~30mm,大者80~100mm,含量55%~60%,中等风化,该层厚度为3.7~10.2m。其下仍为亚黏土,厚度为5.3~24.8m。此亚黏土层下为卵石层,成分以火成岩为主,直径一般为20~50mm,大者80~90mm,局部含有孤石,含量50%~60%,局部达80%,该层厚度为11.9~17.3m。其下又为亚黏土层与卵石层交替分布。

5.2.8 主要工程量

土方开挖111 484m^3,土方回填189 103m^3,石灰土底基层5 363m^3,水泥碎石基层2 682m^3,沥青混凝土面层2 960m^3,钻孔灌注桩2 940延米,桩基承台混凝土4 475m^3,(桥梁)混凝土下部结构4 819m^3,T型简支梁混凝土5 560m^3,桥面铺装混凝土1 050m^3。

5.2.9 工期要求

招标文件要求本工程于2002年10月26日开工,2003年8月26日完工,总工期10个月。

5.3 设备、人员、材料运到工地的办法

签订合同10天内可实现以下目标:

(1)建立该工程项目部,全部人员进场开始运转。

(2)完成该工程测量控制点交接和复制,为尽早开始基桩施工创造条件。

(3)安排施工人员进场及搭建临时设施。

(4)与供电部门、燃油供应部门、供水部门签订相应合同。

(5)与劳务部门办理用工手续。

(6)与公安、交通部门建立相应的工作联系。

(7)按前期工程施工需要,各种设备和材料分批进场,主要材料除具有出厂合格证及试验报告外,还要按照规范进行二次抽检,合格后才能使用。

(8)钻机、推土机、架桥机等大型设备和材料用汽车运至工地,人员等用大客车运至工地。

5.4 施工部署

5.4.1 施工准备

5.4.1.1 建立组织机构

一旦中标,本局将按照投标文件中所列要求组建本工程项目经理部,安排生产,组织施工。

5.4.1.2 技术准备

我方中标后,项目经理部组织技术人员学习施工合同、招投标文件及相应的施工图纸和技术规范,查勘现场测量定位,制定详细、切实可行的施工组织设计,为顺利开工做好充分准备。

5.4.1.3 资源准备

根据投标文件中拟定的进度计划及三项资源计划,项目经理部安排物资和设备部门及办公室,在开工前组织施工人员、材料、设备到场。

5.4.1.4 临时设施准备

进场后按照施工组织设计绘制的施工平面图及现场情况组织开展临时建设项目的修建。

1)施工便道

本工程位于××市,对外交通可利用市区道路及附近省道、国道,在施工现场桥轴线一侧修筑施工便道(原有道路能利用的加以利用),供施工机械移位、土料及材料进场使用。

2)生产及生活临时设施布置

根据本标段施工特点,项目部考虑在附近租房,并在施工现场布置办公室、仓库、停车场、职工宿舍、食堂等临时设施。预制场及拌和站的设置有两种方案,第一种方案是设在已修好的龙尾路与陇海路交叉口东南角空地上,运梁轨道设在陇海路南侧人行道上,预制场地需开挖200m×50m×1.5m(高)土方,设置预制场,预制场开挖后,运梁轨道比预制场低1m左右。第二种方案是设在西引道路基上。采用第一种方案,施工场地好,施工方便,预制梁能提前开始,但由于施工会影响龙尾路及陇海路的交通,运梁轨道铺设会使路面有不同程度破坏,还会由于考虑架桥机的转弯半径而使预制场距离较远,增加征地面积、增加工程投资。为了减少工程投资,不影响龙尾路及陇海路的交通,因此优先采用第二种方案,即预制场布置在孝大铁路线与大桥0号桥台之间的引道路基上,施工时先进行此段路基的填筑,修整后作为T型梁预制场。由于场地较小,混凝土拌和站布置在此段路基下面附近的空地上。若政府允许在龙尾路及陇海路上铺设运梁轨道,可以使用该路进行施工,预制场施工采用第一种方案。另外,在桩号1+200附近桥梁左侧布置供桩基、承台及混凝土下部结构使用的拌和站。

每个拌和站均硬化500m^2,用2台750L强制式拌和机组建拌和站,自动计量配料装置供料、装载机上料,采用混凝土输送泵或混凝土搅拌运输车运送熟料。

由于路面基层及路面面层工程量较小,石灰土底基层、水泥碎石基层及沥青混凝土的拌制,拟利用××市较近的原有稳定土拌和站及沥青拌和站。

以上具体布置详见施工总布置平面图。

3)施工用水、电

桩基用水采用打井取水,敷设管道至各用水点;生活用水采用××市自来水。施工用电主要采用网电,安装200kVA变压器3台,桩基施工处2台,预制场1台。为确保施工正常用电,备120kW发电机2台备用。

4)施工通信

项目经理部配备手机8部,对讲机6对,安装程控电话1部,用于经理部的内外通信联系。

5.4.2 施工总体安排

5.4.2.1 道路工程施工

道路施工时先施工预制场部分路基工程(即孝大铁路线至大桥0号桥台之间的路基部分,在2002年12月20日前完成),达到一定高程,经验收后即可开始预制场施工,为预制T梁创造条件。

2002年11月6日~2003年2月10日进行路基挖方施工;

2002年11月6日~2003年4月20日进行路基填筑施工;

2003年7月1日~2003年7月15日进行石灰土底基层施工;

2003年7月11日~2003年7月25日进行水泥碎石基层施工;

2003年7月16日~2003年7月31日进行沥青混凝土面层施工。

5.4.2.2 桥梁工程施工

桥梁施工总体分为三个阶段,第一阶段进行桩基施工,第二阶段进行混凝土桩基承台及混凝土下部结构工程施工,第三阶段进行T梁(预制)安装及桥面工程施工。进场后经施工准备,即开始混凝土钻孔灌注桩的施工;当预制场所在路基填筑完成并修整后,及时开始T梁预制(冬季施工时采用蒸汽养护);在部分桩基完成并检验合格后即开始混凝土桩基承台及混凝土下部结构工程的施工;在下部工程完成一部分后,T梁安装即开始,以减少存梁,随后进行桥面工程施工。

2002年11月6日~2003年2月28日进行桩基施工;

2002年12月16日~2003年3月20日进行混凝土桩基承台施工;

2002年12月26日~2003年5月10日进行混凝土下部结构施工;

2003年1月1日~2003年6月5日进行T梁的预制;

2003年3月1日~2003年6月20日进行T梁的吊装;

2003年6月21日~2003年7月10日进行桥面工程施工。

5.4.3 主要项目施工方案及施工机械的选择

沿线清基采用推土机,装载机装土,自卸汽车运至指定地点堆放;土方开挖采用挖掘机挖装，自卸汽车运输，能利用的土料加以利用，不能利用的土料运至指定地点堆放；土方填筑采用挖掘机在拟定取土场挖装，自卸汽车运土，推土机推平，压路机压实。

石灰稳定土底基层及水泥稳定碎石基层采用在拌和站集中拌和，自卸汽车运料，摊铺机摊铺、整平，压路机压实的施工方法。沥青混凝土面层采用沥青拌和机集中拌制，摊铺机摊铺、整平，压路机压实的方法进行施工。

钢筋、模板在加工厂统一加工；桩基础采用冲击钻造孔，泥浆护壁；墩台及盖梁模板施工均采用万能杆件或钢管脚手架作支撑；混凝土在拌和站集中拌和；桩基混凝土浇筑时采用混凝土搅拌运输车运输，高处桩基采用混凝土输送泵，墩柱、盖梁混凝土及T梁混凝土浇筑采用混凝土输送泵入仓；T梁在预制场集中预制，架桥机安装。

5.5 主要工程项目及施工方法

5.5.1 土方开挖

5.5.1.1 施工顺序

测量放样→机械挖装运（分层挖至路基设计高程）→修整边坡、基面→基底压实→验收。

5.5.1.2 施工方法

先测量放样，放出中线及开挖边线，再用推土机清基，按规范要求的厚度清除表层腐殖土料，装载机配合10t自卸汽车运输至指定地点堆放。清基后及时测放出开挖边线，由$1m^3$挖掘机配合10t自卸汽车分层挖装运，能利用的土料运至回填区分层回填，不能利用的土料运至指定地点堆放。开挖时应注意边坡坡面的平顺整洁，削坡应边开挖边削坡，路基横坡按设计要求由TY220推土机推整成型，后用YZ16T拖式振动压路机碾压密实。自检合格后，会同监理工程师对路基分段评定验收。

5.5.2 土方填筑

5.5.2.1 施工顺序

测量放样→清基→基底碾压→取料回填→分层碾压→削坡整形→基面成型→验收。

5.5.2.2 施工方法

（1）测量放样：根据设计坡度和地面高程放出中轴线、边线。

（2）清基：对路基占地范围内按施工规范要求采用推土机清除表层草皮、杂草等影响路基质量的不合格材料，装载机配合10t自卸汽车装运至指定地点堆放。路基用地范围内的旧路面和其他障碍物等按业主和监理要求予以拆除。

（3）填前夯实：对路床清基找平后，测定土料的含水量，过湿时用铧翻开晾晒，过干用洒水车控制性洒水，含水量合适时用压路机碾压密实，会同监理进行基面评定验收。

（4）试验参数确定：首先选择填筑试验段，进行铺料厚度、含水量、碾压遍数、机械选型等施工参数确定，试验段成功后再进行全段回填施工。

（5）取土：路基填筑所用土源分两部分，一部分来自挖方段调土，采用挖掘机配合自卸汽车开挖运输至回填区；另一部分来自取土场，取土前用推土机先按要求厚度清基，再用挖掘机配合10t自卸汽车取土。

所取回填料应符合规范规定的标准。在取料期间做好回填料含水量的调整。

(6)布料摊铺:路基填筑采用水平分层填筑,从一端开始,且要先保证最低凹处回填,创造一个比较平坦开阔的工作面,汽车布土应左右成排,前后等距,推土机从一端均匀推平。虚铺厚度按施工前碾压试验参数确定,并按照规定厚度进行摊铺,测量人员及时检测,准确控制每层铺料厚度和表面平整度。回填料摊铺采用推土机推,平地机刮平。上土前先进行现场含水量检测,对于含水量偏大的土料要进行翻晒,对含水量偏低的土料,应及时进行控制性洒水,且用犁铧翻拌均匀,土料含水量合适后及时整平碾压。

(7)碾压:回填料摊铺整平后,用振动压路机碾压,第一遍用振动压路机静压,第二遍用强振压实;振动压实应保证轮与轮搭压 1/3 轮宽,进退错距行走,从两侧路基边沿向路中推进,碾压遍数根据碾压试验参数确定。碾压密实后由质检人员进行自检,在自检基础上上报项目部复检,复检合格后报监理工程师联检,联检认可后再进行下道工序施工。分层回填至路基设计高程,施工中还要注意路拱的形成,排水畅通,以利于雨天排水。为保证边坡的压实度,施工时应考虑超填宽 30cm,严禁边坡不足,帮宽贴坡。待路基成型后,边坡按设计坡度一次修整成型,削掉超填土料运走。

5.5.3 石灰土底基层

5.5.3.1 施工顺序

准备下承层→施工放样→稳定土拌和→运输→摊铺整平→碾压成型→接缝和调头处处理→养生。

5.5.3.2 施工方法

1)准备下承层

下承层要平整、坚实,具有规定的高程、宽度、横坡度,没有松散材料和软弱地点。

2)施工放样

每 20m 在路两侧各打一根控制摊铺高程的钢钎,挂线控制施工厚度。底基层分二层施工。施工前应对下承层进行彻底清扫,消除各类杂物及散落材料,上层摊铺时,要保证下承层表面湿润。

3)试验段施工

在正式施工前首先进行试验段试铺,确定摊铺和碾压等施工工艺和施工参数,试验段成功后再进行大规模施工。

4)拌和混合料

石灰稳定土采用稳定土拌和机拌制,拌和设备采用机械上料,电子计量,做到严格按配和比准确配料。现场有试验员随机检查含水量和各种配料的配比,搅拌时间等符合要求。为防止运输、摊铺时含水量损失,拌和料应较最佳含水量略大。

5)运输摊铺

混合料采用自卸汽车运至施工现场,运输较远时应在车上覆盖棚布,防止水分损失过快。摊铺前应对下承层洒水,使其表面湿润,两侧均设基准线,控制高程,自卸汽车按试验段确定的施工参数均匀卸料,摊铺平整。

6)碾压

碾压采用 15t 振动压路机碾压,施工人员全过程检测摊铺和碾压后的标高(左、中、右),及时纠正施工中的偏差。用直尺逐段检测平整度,发现异常马上找平处理。碾压时，施工员要跟机作业，要求碾压时纵向错1/3轮，进退错距法碾压，压路机行走速度要符合规范要求，碾压至设计压实度，并保证表面无轮迹。

7）接缝和调头处处理

在混合料摊铺后，在预定长度的末端，挖一条横贯全宽的槽（挖至下承层顶面），槽内放2根与压实度等厚的方木。方木的另一侧用素土回填稳定，然后进行整型碾压。第二天，邻近的作业段拌和结束后，除去顶木，用混合料回填，靠近顶木未能拌和的一段，采用人工进行补充拌和。

如拌和机械或其他机械必须在已压成的稳定土层调头，应采取保护措施，如在调头处的稳定土层覆盖一张厚塑料布（或油毡纸），然后在其上覆盖厚约10cm的土或砂，进行保护。

8）养生

碾压结束压实度检验合格后及时进行保湿养生，养生期不少于7d。

5.5.4 水泥碎石基层

水泥碎石基层采用厂拌法施工，机械摊铺，压路机压实。

5.5.4.1 施工方法

在下层验收合格后，及时清扫底基层表面并洒水湿润。施工前做好各项准备工作，待监理工程师批准可以进行上层铺筑时，按试验的配合比进行拌和，用自卸车运至施工现场，摊铺机摊铺，压路机由两侧向中心碾压，达到要求的压实度，并保证表面无轮迹（碾压遍数和方法由试验段来确定）。施工段之间的接缝和调头处注意衔接处理，做到平整一致，最后用洒水车洒水养生。

5.5.4.2 技术要求

（1）测量控制桩间距为10m，控制桩测设完成后，在施工段每100m的两端打入$\phi28$钢筋桩，其中一端固定在钢筋桩上，并用弹簧秤使拉力达到100N以上，以保证钢丝拉线达到标准，如果钢丝下垂过大，可在测桩中间增加支撑，以防钢丝绳因桩距过长而下沉。

（2）所用碎石要满足级配要求，剔除超粒径石料，试验员监测拌和料的含水量和各种集料的配比，发现异常及时调整或停止生产。水泥剂量和含水量应按要求的频率检查并做好原始记录，备料斗配备1~2名工作人员时刻监视下料情况，并人为帮助料斗下料，不能出现卡堵现象，否则要停止生产。拌和含水量要较最佳含水量大1%~2%。

（3）基层水泥稳定碎石摊铺，根据厂拌法的工艺要求摊铺。

摊铺作业时，摊铺速度要均匀，中途不能变速，其速度要和拌和机拌和能力相适应，不停顿、不间断。

（4）摊铺间隔时间：摊铺间隔时间不能超过30min，超过30min时，将水泥稳定碎石及时整平、碾压，设置工作缝。每个工作段碾压结束后，将压实成型的混合料修整成垂直于地面的竖直面。

（5）碾压：在压路机初压后，检测水泥稳定碎石表面高程及路拱横坡，检测合格后，在混合料的含水量合格时，即用压路机进行压实，配备人员跟机作业。碾压过程中满幅碾压，不得漏压，路幅两边适当增加碾压遍数。在各施工段端头4~5m范围内，压路机沿路面横坡由低向高适当横向碾压，以防止纵向碾压端头时使混合料向端头方向滑移，形成裂缝或松散现象。

如果出现弹簧、松散、起皮、壅包等现象,用人工及时翻开重新拌和或换填新的混合料,使其达到质量要求。施工段结合部位,碾压时应压过分界线5~8m,保证结合部的密实度。碾压分段界线处、桥头等处,均由指挥机械人员插上红色钢筋标志桩,避免碰撞。

(6)上层水泥稳定碎石与下基层施工段的接缝错开3m以上,严禁上下层接缝设置在同一断面上。注意成品保护,各类机械要慢速行驶,洒水车掉头时,关闭洒水阀门,不得造成路表面积水和泥泞,施工车辆不能在刚洒完水的路面上行走,以免造成损坏。

(7)洒水养生及交通管制。每段碾压完成后及时进行养生,养生采用洒水车洒水。洒水次数要根据气候及路面水分蒸发情况确定,养生要保持表面潮湿。水泥稳定碎石摊铺完成进入养生期后,应封闭交通(除洒水车外)。施工车辆必须通行时,应限制载重车辆通行,通行车辆车速不应超过20km/h,严禁急转弯或急刹车。

5.5.4.3　其他注意事项

(1)自加水拌和到碾压完毕的延迟时间不大于水泥初凝时间,即一定要在此时间段内完成施工和压实度检测。

(2)养生期内或做封层前严禁车辆通过。

(3)水泥碎石具有不可再塑性,施工时要精益求精。

(4)摊铺过程中因故停机超过2h,要按工作缝(接头)处理。

(5)由于水泥碎石的时效性强,各项组织、准备要充分,衔接要紧密,施工要连续(一天只留一道工作缝,中午不间断),最大限度地减少施工损失,提高质量。

(6)配料要准确,尤其是水泥剂量更要准确。

(7)严禁雨天施工,施工过程中若遇降雨,立即停止施工,设置施工缝,待雨停止进行处理后,再进行施工。

(8)处于养生期间的路段,必须设置明显的标志牌。

5.5.5　沥青混凝土面层

5.5.5.1　施工顺序

基层清理→测量放线→安装路缘石→洒透层油→摊铺机就位→汽车运输混合料至施工现场→摊铺机摊铺沥青混凝土→整平碾压→摊铺细粒式沥青混凝土→验收→开放交通。

5.5.5.2　施工方法

1)施工准备

(1)机械准备:路面施工前所有机械都进行试运转,加足油料,压路机还要将水箱加满水,各种机械在连续施工一段时间后,进行必要的维修。

(2)其他小型工具准备:主要是耙子、手推车等,摊铺机专用的测墩、测钎、钢丝绳,挂线用的线轴、紧线器也要准备完毕。

(3)人员准备:沥青路面施工速度较快,施工中需连续作业。施工前对所有作业人员进行详细的分工,定员定岗,对每个岗位的施工人员做好技术交底,使每个人都了解自己的工作内容,都能紧张有序地工作。对于机械操作人员,在上岗前要着重进行交底,使他们明白操作程序和操作方法,杜绝在现场操作中的随意性。

(4)路面基层清理：基层清理工作的好坏对沥青混凝土与基层黏结的影响极大，要清理干净，清理方法以人工清扫为主。

2)施工测量

施工测量是路面施工技术中较关键的一环，施工测量的精度直接影响到摊铺机摊铺质量。路线中点由导线点用精密测距仪导入桥梁、涵洞等结构物之上，施工用水准点均用四等水准测量从导线点导入工地永久性电信井、桥梁等结构物上，测量资料要统一计算，测放测墩、测钎及钢丝绳的人员要固定。摊铺高程由摊铺机传感器在测墩或测钎上拴挂的直径为2mm的钢丝绳上拖拉传感器测棒进行控制。测墩每10m一个，在曲线半径较小处和超高处应加密，每5m一个。

3)安装路缘石

测量放线后，按设计要求进行路缘石铺设。

4)封层

在基层上铺筑沥青混凝土面层时，要喷洒透层油。透层油要符合设计要求，透层油的洒布量要控制准确，多洒和少洒都不利于黏结。透层油洒布前，先在基层上洒一遍水，待水渗入基层表面后再进行乳化沥青的洒布，并在铺筑沥青混凝土前预留一段时间让其自行渗入。人工撒布石屑和粗砂，用轻型压路机滚压一遍，在沥青面层摊铺前保证封层表面清洁无污物。

5)拌和

在拌和时严格控制沥青及各种矿料的用量及拌和温度，拌和站拌制的混合料要均匀一致，无花白料、结团成块或粗细骨料分离现象，不符合要求时不得使用，并及时调整。

6)沥青混凝土运输

运输沥青混凝土的车辆事先在车斗上刷机油以防沥青黏结。涂刷机油采用喷雾器，以便喷撒均匀。运输车上要备有苫布以防运输途中遇雨和气温较低时沥青散热太快。沥青的运输时间不宜超过1h，否则会因温度损失太多而影响沥青混凝土的施工质量。

7)沥青混凝土摊铺

沥青混凝土的摊铺是路面施工的关键工序之一。

摊铺工艺为：摊铺机就位→运料车卸料→螺旋输送器送料→熨平板加热整平→高强夯夯实。

摊铺机就位后，以测量标高为准将熨平板用薄木板垫起，调整到合适的高度。运料车停在距摊铺机料斗前30~50cm处，用手闸制动后，由摊铺机向前顶住汽车后轮并向前移动时开始起斗卸料。运料车冲撞摊铺机，将使摊铺机向后移动而造成摊铺完的沥青混凝土起拱，破坏路面的平整度。如果将沥青混凝土卸出摊铺机料斗，散落在摊铺面上，即使清理干净，落入摊铺机履带下的石子也会将摊铺机垫起而影响摊铺平整度。因此，任何倒车时冲撞摊铺机顶杆和不拉手闸就卸料而把沥青混凝土卸在摊铺机前的情况，都是运输司机的重大失误。运料车卸料后，摊铺机的螺旋输送器向两侧输料，摊铺机开始向前运行。这时要特别注意两侧的限料器和传感器，以免出现输料过量和传感器从钢丝上滑落的情况。沥青混合料经熨平板加热整平后，用高强夯夯实。摊铺机的摊铺速度也是影响摊铺质量的一个因素，摊铺速度过快，不但运输车辆跟不上，压路机的工作也不能满足要求。根据经验,摊铺速度以3～4m/min为宜。摊铺机运行过程中尽量避免停机,摊铺机前要有足够的运输车辆。

8)沥青混凝土碾压

沥青混凝土碾压是路表面的最后一道工序。由于受大气温度、压路机性能、沥青混凝土混合料的性能、路面厚度等诸多因素的影响,碾压工艺也随之变化,碾压方法、碾压遍数都随之而变化。当沥青混合料摊铺一定厚度后,进行初压,因为此时混合料温度较高,因此采用轻型压路机慢速、均匀碾压2遍。初压时要检查平整度、路拱,初压后采用重型机进行复压,碾压遍数根据试验段确定的遍数碾压达到要求的密实度,表面无明显轮迹。碾压时压路机应由路边压向路中,轮迹重叠要满足规范要求。不能在新铺沥青混合料上转向、调头。碾压速度要符合规范中的要求。在复压后进行终压,用钢筒式压路机碾压2遍,使平整度达到优良。

9)接头缝处理

当沥青路面铺筑接缝时,可在已压好的部分上铺设一些热混合料使之预热软化,以加强新旧混合料的黏结。但在开始碾压前要将预热用的混合料铲除,接缝要做到紧密黏结,充分压实、连接平顺。接缝处清扫干净、切齐、边缘涂黏层沥青。

5.6 桥梁工程

5.6.1 钻孔灌注桩

钻孔灌注桩施工工艺:修筑钻机工作平台→测量定位埋设护筒→钻机就位→钻孔→清孔→钢筋笼制安→灌注水下混凝土→桩头凿除。

5.6.1.1 平整场地、修筑施工平台

采用人工配合机械平整场地,修筑钻孔机械施工平台,施工平台要高出原地面0.5m以上,在沟底要考虑雨季水位,平台不能上水,并考虑混凝土运输及浇筑机械进出场道路,场地面积应能满足摆放钻机、挖设泥浆池及灌注、吊装车辆工作的需要及摆放钢筋笼的位置。

5.6.1.2 桩位复核

根据设计图纸的测量坐标及现场控制网,用全站仪、经纬仪和经过检验的钢尺,定出孔位中心桩,测放出孔位桩及控制桩,复核无误并经监理工程师认可后,交给钻机班组,保护现场桩位。

5.6.1.3 埋设护筒

挖护筒坑前先将桩位中心用十字线法引出护筒坑外,打控制桩。避免挖护筒坑时桩位被破坏无法确定桩位。护筒坑挖好后,将护筒垂直安放,垂直度偏差≤1%,护筒中心偏差≤5cm,护筒顶高出平台30cm,护筒外用黏土分层夯实,按桩位中心拉十字线,用红漆标注在护筒上。

5.6.1.4 钻机就位

钻机就位后,要将钻架整平,在护筒红漆标记处拉十字线,钻头中心对准十字线中心,对中偏差≤2cm。

5.6.1.5 钻进

根据地质情况钻孔采用山东泰安生产的冲击反循环钻机造孔,泥浆固壁。钻孔时保持护筒内液面高出地面或地下水位或河水位 1.0 ~ 1.5m。开孔时应先冲击挤密护筒底脚,再行进尺;采用黏土造浆,必要时加膨润土,泥浆相对密度保持在 1.20 ~ 1.30 之间为宜。为保证成孔质量,钻进时注意:①经常检查钢丝绳位置是否与桩中心发生偏离,发现偏离,应及时修正,防止斜孔;②经常检查钢丝绳,发现断丝及时更换、防止掉钻;③每班检查一次钻头,钻头直径偏小时,应及时补焊,预防卡钻。不合格的要及时修孔或回填重钻,钻孔过程中要随时检查地质情况的变化,做好记录,与设计不符时要及时上报。

钻至设计高程后,即可进行清孔。

5.6.1.6 清孔

清孔必须彻底,停止钻进后,仍要进行泥浆循环,逐步降低泥浆密度,直至达到如下标准。

孔底高程:达到设计高程。

泥浆密度:1.10 ~ 1.20g/cm^3。

含砂率:≤4%。

5.6.1.7 检孔

清孔合格后,吊入已准备好的测孔器,顺利到达孔底,钢丝绳始终位于孔中心,即检孔合格。

5.6.1.8 钢筋笼制作、安装

施工中所用钢筋要经过检验合格,钢筋笼在加工场地分节成型后,应用专用运输车运输,钢筋笼存放场地应当平整,不能使钢筋笼受损变形;安放时为保证保护层厚度,应按设计文件标准用钢筋制作保护层,并焊在钢筋笼主筋上。放置钢筋笼时必须控制标高,然后检查中心位置,合格后固定。

5.6.1.9 安放导管

混凝土导管对准孔位中心,逐节连接导管,直至导管底口距孔底 30 ~ 50cm 为止,安装隔水导球。导管安装前要进行封闭试验,保证导管在施工中不露水。

5.6.1.10 灌注水下混凝土

(1)一切准备就绪后,灌注水下混凝土,第一次浇筑量应封住导管下口并连续浇筑。

(2)派专人严把混凝土拌和质量关,和易性不好的离析料严禁浇筑。水下混凝土坍落度控制在 18 ~ 22cm。

(3)混凝土灌注时,应连续进行,中间间隔不大于 30min。

(4)灌注混凝土时,必须保证导管埋入混凝土顶面以下 2 ~ 6m。混凝土灌注高度必须高出设计桩顶 50cm ,以确保桩顶混凝土质量。

桩头处理:桩身混凝土达到养护期后(一般应养护 7 ~ 14d),用人工凿除高出桩顶设计高程部分的混凝土。

5.6.2 承台施工

5.6.2.1 施工顺序

测量放线→开挖夯实地基→立模板→绑扎钢筋→浇筑混凝土→养护。

5.6.2.2 施工方法

(1)测量放线,开挖承台土方,夯实地基。

(2)浇 C10 混凝土垫层,抹光表面作为承台底模板,绑扎承台钢筋,绑好钢筋混凝土保护层块,验收钢筋合格后进行下道工序。

(3)边模刷隔离剂,立边模。仓口用方木支撑,外用对拉螺栓拉紧,用方木支撑固定。

(4)承台浇筑:用混凝土搅拌车直接入仓或混凝土输送泵入仓浇筑混凝土,插入式振捣棒振捣,分层浇筑,最后用木抹子抹平,墩柱外用铁抹子压光,上表面高程应标在模板上,严格控制承台上表面高程。由于承台混凝土体积较大,在承台施工中要考虑混凝土降温措施,防止温度裂缝产生。

(5)拆除模板,洒水覆盖,养护混凝土。

5.6.3 **墩台柱施工**

5.6.3.1 主要施工工艺

测量定位及柱头清理(凿毛)→绑扎焊接墩柱及连系梁钢筋→架立并校正墩柱钢模→浇筑混凝土→拆除墩柱模板→养生。

5.6.3.2 施工方法

测定桩位及进行桩头凿毛清理,检查验收合格后,绑扎焊接墩柱钢筋,而后安装钢模板,由于本桥墩为方形,为了桥墩外观美,利用大块定型钢模,对拉螺栓加固,地锚拉丝校正,模板缝用橡胶发泡条止水,防止漏浆,经全面检查无误后浇筑混凝土,由于桥墩不太高,浇筑采用一次浇筑成型。在浇筑混凝土时采用混凝土输送泵入仓,插入式振捣棒分层振捣密实。浇筑混凝土时在柱子底部下先铺 2 ~ 3cm 与混凝土同标号混凝土砂浆,然后再浇筑混凝土。混凝土达到拆模强度后,拆除模板,洒水用塑料膜缠裹养护。

5.6.4 **盖梁施工**

5.6.4.1 施工工艺

测量定位→搭设盖梁底模台架→铺设盖梁底模板→绑扎盖梁钢筋→立盖梁侧模板→浇筑盖梁混凝土→达到强度后拆除模板→覆盖养护。

5.6.4.2 施工方法简述

该标段桥墩柱均为单排三柱式,为施工方便,盖梁底模支撑采用桁架式(桁架上铺方木或型钢),桁架的固定利用墩柱,螺栓扣紧。对于低墩柱,用钢支撑在桩基混凝土顶面上支撑桁架,对于高墩柱,在施工墩柱时预埋 ϕ50 钢管预留孔,用钢轴及钢牛腿支撑桁架(见图 5-1 及图 5-2)。桁架与支撑间设置调正钢楔。

盖梁模板统一采用大块拼装钢模,安装模板时用吊车起吊,人工组拼,模板接缝处用 1cm 海绵条止水,防止漏浆。盖梁钢筋在盖梁底模立好后在其上绑扎成型。钢筋检查验收合格后立盖梁侧模,侧模固定采用对拉螺栓,模板校正好后,经测量检验无误,开始浇筑混凝土,混凝土运输采用搅拌运输车,入仓采用混凝土输送泵,插入式振捣棒振捣密实。混凝土浇筑后,待强度达到 2.5MPa(不掉棱角)可拆除侧模,及时覆盖养护。

5.6.5 **预应力 T 型梁施工**

5.6.5.1 预制场的建立

方案一:在孝大铁路线与大桥 0 号桥台之间的路基上修筑预应力 T 梁预制场,长

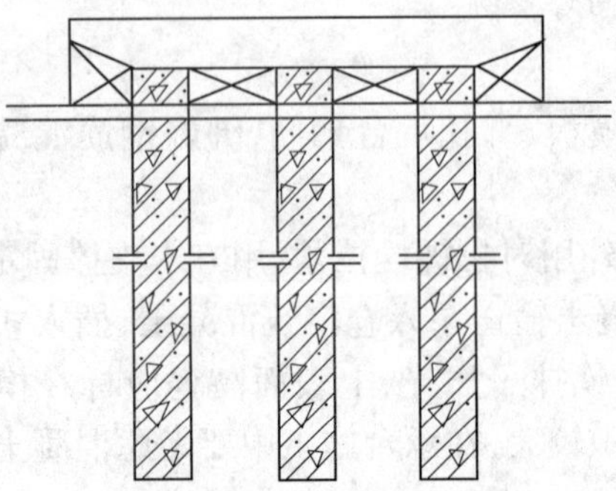

图 5-1　高墩盖梁模板支撑

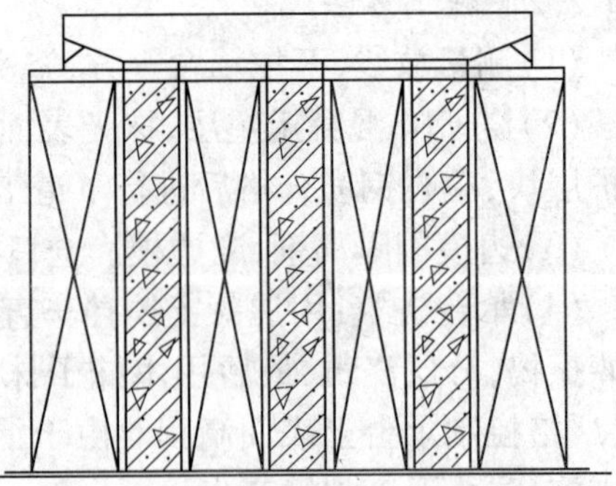

图 5-2　低墩盖梁模板支撑

200m,沿路基方向修建长 50m 的预制台座 7 个,安装 24m 跨度门机 1 组。存梁设在靠近大桥的位置,存梁台座做 C15 混凝土基础,由于预制场场地较小,拌和站砂石料场、钢筋加工场等设在路基下,场地硬化 $500m^2$。方案二:预制场设在龙尾路东,桥轴线南耕地上。优先选择方案二。

5.6.5.2　T 梁预制施工程序

T 梁预制台座及钢模检验→台座涂刷隔离剂→绑扎 T 梁腹板、隔板钢筋→安装橡胶抽拔管→安装 T 梁模板→绑扎翼板钢筋→浇筑 T 梁混凝土→覆盖养护→拆除 T 梁模板→清孔穿钢绞线→预应力筋张拉→移位存放→灌浆→封端。

5.6.5.3　T 梁预制的主要施工方法

T 梁预制前对预制台座及钢模板按设计要求及施工规范进行严格检查,对钢模板进行试拼装及试振,对张拉设备进行检验标定,一切准备工作做好后开始 T 梁预制作业。

1)T 梁钢筋制安与模板安装

钢筋下料加工要精确,各种预埋件质量要符合规范要求,位置要准确。人工配工具式支架在台座上绑扎 T 梁马蹄及腹板钢筋,同时安装梁端模板。T 梁隔板钢筋及其上预埋件在钢筋加工厂焊接成型,成型后与 T 梁腹板钢筋组合。根据预应力管道定位网安设橡胶抽拔管。经检查验收合格后,利用门吊架立 T 梁钢模板;经验收合格,在模板上绑扎翼板钢筋,并支垫保护层。

2)T 梁混凝土的浇筑

T 梁混凝土浇筑方式选择斜向分段、水平分层的方法连续浇筑。熟料入仓采用混凝土输送泵。混凝土振捣密实用附着式高频振捣器振捣,再辅以插入式振捣器振捣。使用插入式振捣器时,应避免振捣器碰撞预应力筋管道、预埋件等。在混凝土浇筑过程中,要经常注意检查模板、管道、预埋件的位置及尺寸的准确,并及时检查混凝土的坍落度及和易性,确保混凝土的浇筑质量。

3)混凝土养生

为加快 T 梁预制进度,混凝土采用蒸汽养生,养生时严格按照施工规范控制混凝土的升温、恒温、降温三个阶段,防止梁体产生温度裂缝。

4)T 梁张拉、灌浆

T 梁强度达到设计要求后可进行穿束张拉,穿束前应对 T 梁预留孔道进行检孔、清孔。清孔用无油压缩空气吹洗孔道至清洁为止。

T梁张拉主要程序：普通松弛钢绞线：0→初应力→1.03σ_{con}（锚固）；低松弛钢绞线：0→初应力→σ_{con}（持荷2min）→（锚固）。预应力张拉采用两端张拉，张拉时两端保持同步，张拉控制采用钢束伸长与张拉力双控，以张拉力为准，伸长作为校核值。当钢束实测伸长值超过设计要求与规范规定时要停止张拉，重新校核张拉设备后再进行张拉，在张拉时严格按设计要求控制断丝、滑丝情况。预应力张拉完毕，严禁撞击锚头和钢束，钢绞线丝多余的长度应用切割机切割，不得用电焊、气割切割。T梁灌浆前应用高压水冲洗、湿润T梁混凝土孔道，然后用无油压缩空气清除管道内积水，压浆采用两端压浆法，在第二次（另一端）压浆时与第一次压浆间隔时间不少于30min，压浆压力控制在0.6～0.7MPa。灰浆制浆时按设计要求掺入铝粉做膨胀剂。

T梁压浆完毕要实时进行封端工作，封端前先将梁端凿毛，封端模板安装要按图纸要求，以及每孔梁的位置纵坡调节梁端封锚厚度，以满足桥梁接缝等宽与竖线铅垂。

5.6.6 T型梁安装

T型梁运输采用预制场门机装车，运梁平车轨道运输，运输前修筑好预制场至桥位的运梁轨道。T型梁架设采用架桥机，安装前要按设计要求在盖梁顶放线，严格按图纸要求浇筑垫石、安放橡胶支座。

（1）T型梁安装程序：轨道、架桥机、运梁平车组装→架桥机前移就位→盖梁上安装T梁平移滑道→架桥机吊梁→平移到位→安放橡胶支座→落梁就位。

（2）施工方法：铺设轨道，安装架桥机，架桥机组拼试验合格后沿轨道前移（前后天车移到架桥机尾部作平衡重）。当架桥机前移到位后，将架桥机前、后行走轮用钢楔固定，防止在架梁过程中架桥机滑移。架桥机前支腿用千斤顶顶起固定。使架桥机的导梁主桁架成水平状态。

铺设移梁滑道，开始架梁作业。利用门机把T梁吊至运梁平车上，通过运梁平车运至架桥机中，由架桥机天车吊起T梁前移，到位后落至平移滑道上，在平移滑道上，利用千斤顶横向平移就位。若在平移过程中纵向有偏差，可利用倒链进行纵向调整，当梁纵横向调整到位后，千斤顶将梁顶起，抽出上下滑道，安装支座，落梁就位。

5.6.7 桥面铺装

在T梁安装完成后，开始桥面铺装层工作。铺装层钢筋在桥面上直接绑扎，浇筑时再搭设跑道，防止运料车碾压钢筋引起变形。混凝土浇筑采用机动翻斗车运输混凝土，人工摊铺熟料，振动梁振捣，刮杠及木抹子抹平。桥面铺装混凝土在未达到设计强度时，派专人管理，不允许车辆在桥面上行驶。铺装层混凝土强度达到设计要求后进行沥青层铺装。

5.6.8 伸缩缝

全桥共设置3道伸缩缝，其位置为两桥台和5号中墩处，伸缩缝采用毛勒式伸缩缝。桥面铺装后，按照设计的伸缩缝位置切割铺装层部分，然后安装伸缩缝，伸缩缝安装温度要按照设计要求控制，伸缩缝的位置及平整度满足设计要求后焊接牢固，进行二次混凝土浇筑成型。

5.7 主要工程项目及施工程序

5.7.1 土方开挖施工顺序

测量放样→机械挖装运(分层挖至路基设计高程)→修整边坡、基面→基底压实→验收。

5.7.2 土方填筑施工顺序

测量放样→清基→基底碾压→取料回填→分层碾压→削坡整形→基面成型→验收。

5.7.3 石灰土底基层施工顺序

准备下承层→施工放样→稳定土拌和→运输→摊铺整平→碾压成型→接缝和调头处处理→养生。

5.7.4 水泥碎石基层施工顺序

底基层放样→路面清扫→洒水湿润路面→拌和站拌和混合料→汽车运输到摊铺现场→碾压至设计压实度→养生→验收。

5.7.5 沥青混凝土面层施工顺序

基层清理→测量放线→安装路缘石→洒透层油→摊铺机就位→汽车运输混合料至施工现场→摊铺机摊铺沥青混凝土→整平碾压→摊铺细粒式沥青混凝土→验收→开放交通。

5.7.6 桩基施工顺序

钻孔灌注桩施工工艺:修筑钻机工作平台→测量定位埋设护筒→钻机就位→钻孔→清孔→钢筋笼制安→灌注水下混凝土→桩头凿除。

5.7.7 桩基承台施工顺序

测量放线→开挖夯实地基→桩头凿毛清理→垫层混凝土浇筑→立模板→绑扎钢筋→浇筑混凝土→养护。

5.7.8 墩柱施工顺序

测量定位及承台清理(凿毛)→绑扎、焊接墩柱钢筋→架立并校正墩、柱钢模→混凝土浇筑→拆除墩、柱模板→墩、柱混凝土养护。

5.7.9 盖梁施工顺序

测量定位→盖梁底模→绑扎盖梁钢筋→立模板→浇筑盖梁混凝土→拆模、养护。

5.7.10 T型梁预制施工顺序

T梁预制台座及钢模检验→台座涂刷隔离剂→绑扎T梁腹板钢筋→安装橡胶抽拔管→安装T梁模板→绑扎翼板钢筋→浇筑T梁混凝土及覆盖养护→拆除T梁模板→清孔穿钢绞线→预应力筋张拉→移位存放→灌浆→封端。

5.7.11 T型梁安装施工顺序

轨道、架桥机、运梁平车组装→架桥机前移就位→T梁轨道运输→盖梁上安装T梁平移滑道→架桥机吊梁→平移到位→安放橡胶支座→落梁就位。

5.8 工期保证措施

5.8.1 工期目标

本工程拟于2002年10月26日开工,到2003年8月10日完工,共289天,提前工期16天。

5.8.2 工期保证措施

(1)合理划分施工段,各分项工程做到平行作业,以关键工程为重点,协调好各个单项工程进度,减少干扰,使之协调有序的进行。

(2)加强施工管理:加强现场协调,做好各工序间的衔接工作,避免相互影响,推广先进施工技术经验,提高工效。合理地安排冬雨季施工,确保综合进度的实现。

(3)加强组织管理措施。本局选派强有力的项目管理班子及技术素质好、有施工经验的施工队伍承担本工程的管理和施工,严格按照招标文件的要求进行施工,加强技术管理,并根据详细的施工图由项目总工组织有关人员编写详细的施工组织设计、总体网络计划。工程技术部技术人员则根据总体进度计划,编制阶段性计划以及旬、月施工进度计划,并将在实施前报监理工程师审批和监督执行,同时技术人员据此给负责关键线路施工的班、组分解编排日、旬进度计划,切实做到以日保旬,以旬保月的进度要求。

(4)机械设备保证。在施工中,对设备易损配件要配足,做到及时修理,加强检查、维修、保养,保证施工期间设备的完好率,为顺利施工提供物质基础。

(5)物资、工程材料供应保证措施。物资、财务部门设置专人负责材料供应,与材料供应厂家协调配合,按施工进度提前制定材料供应计划。保证购料资金,做好材料储备,保证其运输道路畅通的工作。同时搞好与当地政府、公路管理部门的协调、配合,减少施工干扰,使材料供应工作能够满足生产的需要。

5.9 质量保证措施

5.9.1 质量控制目标

质量目标:工程质量达到优良标准。

5.9.2 质量保证体系

为确保本工程施工质量目标的实现,建立质量保证体系,认真执行国家有关部门颁布的现行施工技术和质量验收规程、规范以及单项工程质量等级评定标准。加强宣传教育,使参建的全体施工人员树立“百年大计、质量第一”的指导思想。牢记以质量求生存,以信誉求发展,争创一流企业的目标。质量保证体系见图5-3。

5.9.3 质量保证措施

(1)加强全面质量意识教育,树立“百年大计,质量第一”和“预防为主、事先把关”的指导思想。

(2)贯彻ISO9002标准,建立质量管理机构,结合工程项目及有关规范、设计建立颁发的要求,按照质量控制程序编制、制定符合施工合同有关规定的质量保证文件,贯彻“谁负责施工,谁负责质量”的精神。

(3)质检部门配备足够的、专业齐全的质检人员和必要的仪器设备,按合同规定和监理工程师的指示进行各项材料试验和有关工程质量物理力学指标试验,为施工提供准确可靠的第一手试验资料。

(4)认真编制施工工艺、施工方法、质量控制标准和检验手段,对各个施工作业面的技术要点、施工步骤、操作方法、设备使用、人员配置、后勤保障等做出详细安排,做到施工时人人心中有数,各个环节紧密配合,秩序井然,优质高效地完成施工任务。

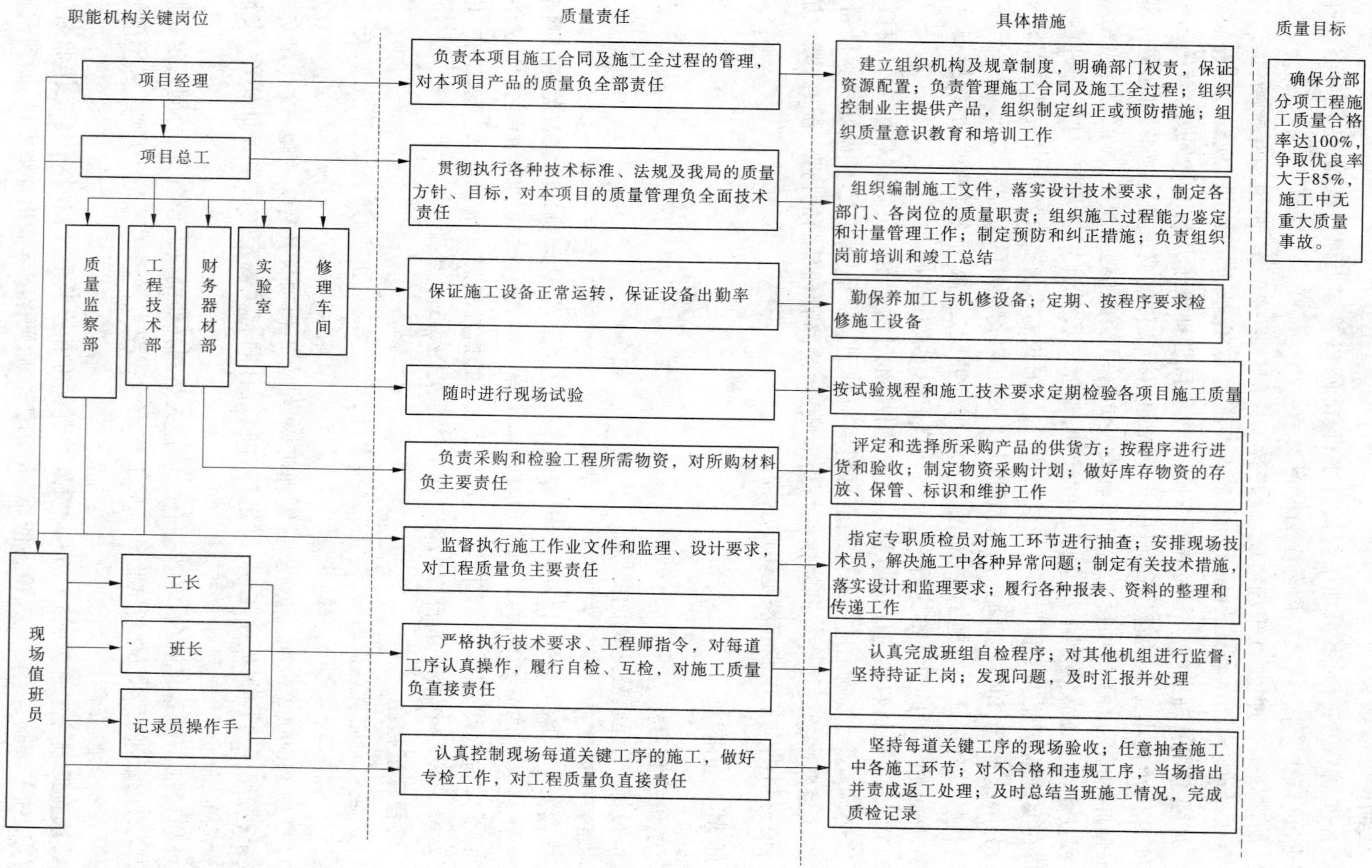
职能机构关键岗位
质量责任
具体措施
质量目标
项目经理
项目总工
质量监察部
工程技术部
财务器材部
实验室
修理车间
现场值班员
工长
班长
记录员操作手
负责本项目施工合同及施工全过程的管理，对本项目产品的质量负全部责任
贯彻执行各种技术标准、法规及我局的质量方针、目标，对本项目的质量管理负全面技术责任
保证施工设备正常运转，保证设备出勤率
随时进行现场试验
负责采购和检验工程所需物资，对所购材料负主要责任
监督执行施工作业文件和监理、设计要求，对工程质量负主要责任
严格执行技术要求、工程师指令，对每道工序认真操作，履行自检、互检，对施工质量负直接责任
认真控制现场每道关键工序的施工，做好专检工作，对工程质量负直接责任
建立组织机构及规章制度，明确部门权责，保证资源配置；负责管理施工合同及施工全过程；组织控制业主提供产品，组织制定纠正或预防措施；组织质量意识教育和培训工作
组织编制施工文件，落实设计技术要求，制定各部门、各岗位的质量职责；组织施工过程能力鉴定和计量管理工作；制定预防和纠正措施；负责组织岗前培训和竣工总结
勤保养加工与机修设备；定期、按程序要求检修施工设备
按试验规程和施工技术要求定期检验各项目施工质量
评定和选择所采购产品的供货方；按程序进行进货和验收；制定物资采购计划；做好库存物资的存放、保管、标识和维护工作
指定专职质检员对施工环节进行抽查；安排现场技术员，解决施工中各种异常问题；制定有关技术措施，落实设计和监理要求；履行各种报表、资料的整理和传递工作
认真完成班组自检程序；对其他机组进行监督；坚持持证上岗；发现问题，及时汇报并处理
坚持每道关键工序的现场验收；任意抽查施工中各施工环节；对不合格和违规工序，当场指出并责成返工处理；及时总结当班施工情况，完成质检记录
确保分部分项工程施工质量合格率达100%，争取优良率大于85%，施工中无重大质量事故。

图5-3　质量保证体系

(5)做好技术交底和上岗前的培训工作，对设计图纸、施工规范和技术条款等进行技术交底。职工上岗前首先进行集中培训，由总工组织学习现场管理制度、质检人员与监理工程师进行联系和配合等相关方面的内容，以及关于加强质量管理的文件，贯彻施工组织设计文件要求。学习主要岗位技术要求、各工序操作要点及注意事项。

(6)坚持“三检制”，施工班组自检，质检人员复检、项目部人员终检和监理工程师的验收签字制度。

(7)建立健全技术复核制度，杜绝重大差错的发生。

(8)建立健全原材料进场制度。原材料的质量是保证工程质量的关键，因此要对工程所用原材料进行取样试验，合格后签订购货合同。采购、搬运、检验和试验均按有关控制程序进行，确保工程上使用材料的质量。

5.10 文明施工及安全生产保证措施

5.10.1 建立安全生产体系

安全生产保证体系见图5-4。

5.10.2 文明施工、安全生产保证措施

(1)组织由项目副经理挂帅的安全文明施工小组，统一管理和协调全工地的治安保卫、施工安全等有关文明施工的事项。

(2)施工人员持证上岗，文明用语，规范操作，工地设立安全标志牌、红旗、标语，形成良好的工作氛围，鼓舞职工士气，树立企业形象。

(3)坚持“安全第一，预防为主”的生产方针，做到防患于未然，做到人人关心安全，事事注意安全。

(4)设置专职安全员，制定施工安全规程和安全操作规程，管理监督施工作业、安全以及消防等工作。加强安全、消防、防汛或抗灾知识教育，配备消防设备及必要的安全生产设施和劳动保护用具。

(5)做好卫生防疫工作，建立施工人员健康档案，防止疾病的传染。

(6)建立检查评比制度，每周进行一次安全、文明施工的综合评比。

(7)对施工道路经常保养维护，施工设备在指定地点有序停放，保持好车容、车貌。

(8)搞好与当地政府和群众的关系，按规章程序办事，树立良好的信誉和企业形象。

5.11 环境保护措施

(1)加强环保工作，配置1名专职人员，在项目经理的直接领导下负责施工区环境工作的统一管理、监督、检查与协调。

(2)严格遵守国家和地方政府有关环境保护的法令、法规和合同规定，自觉接受当地环保部门对施工中环保工作的监督、指导和管理。

(3)施工中采取相应措施，保护工地及附近环境免受施工引起的噪声、粉尘等污染及不良影响，加强施工道路的洒水除尘和整平工作，弃料、拆除物等不能利用的按指定地点弃渣堆放，不污染土地河流，减少对植被的破坏和水土流失。施工结束后，对施工现场进行清理和恢复工作。

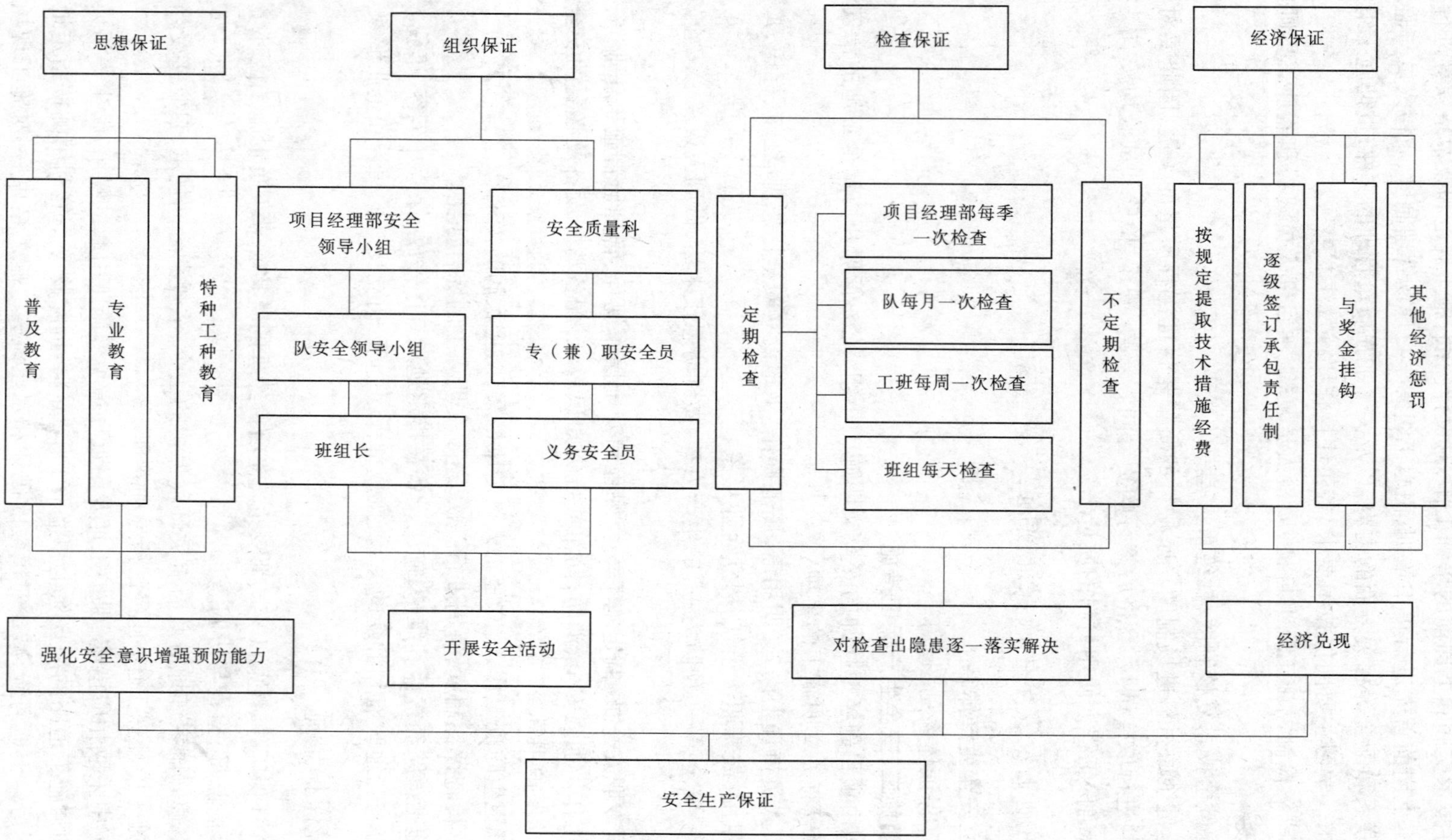

图5-4　安全生产保证体系

5.12 后勤保证措施

5.12.1 后勤保障体系

后勤保障体系见图5-5。

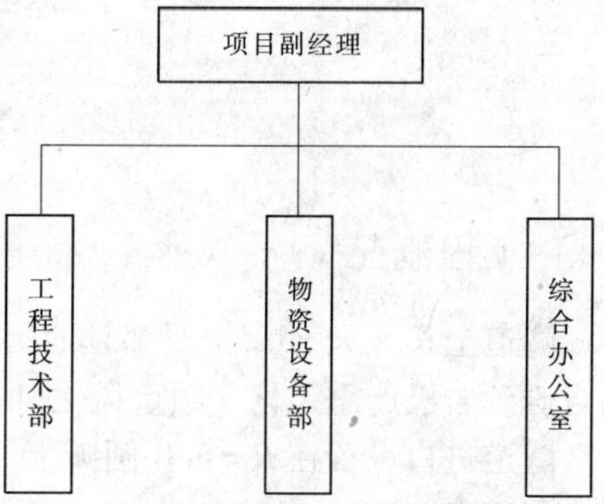

图5-5 后勤保障体系

5.12.2 后勤保障措施

(1)在项目副经理的领导下,由工程技术部、物资设备部和综合办公室三个部门搞好后勤保障工作。

(2)提前编制下一个月、旬、周的生产计划,确定其相应施工阶段的设备、人工、材料需要量,报物资设备部门采购供应。

(3)综合办公室协调好与当地政府、群众的关系,保证工程顺利施工,和当地有关部门要及时联系,保证油料、材料供给及时。

5.13 冬雨季施工措施

(1)路基雨季填筑前在填方坡脚以外挖临时排水沟,保持场地不积水,并要注意土料选择,含水量过大的土料不能使用,做到土料随挖、随运、随铺、随压实。分层压实时,每层表面留有2%~3%的横坡以利于排水,做到雨前将松土压实完毕,防止表面积水和渗水。路基填筑完毕的路段,在路基边坡上间隔适当位置用编织袋或彩条布做成简易急流槽,将雨水排至路基临时边坡,防止路床积水。

(2)路面基层雨季施工时要做好料场与路基的排水工作,并在拌和设备处搭设雨棚遮雨,生料与熟料在雨天时都要用塑料布覆盖,并采取排水措施,填筑做到随铺、随压实。

(3)沥青混合料的摊铺禁止在雨天施工,未经压实遭雨淋的混合料要全部清除,更换新料。当路面滞水或潮湿时,暂停施工。

(4)桥梁基础桩施工时,多雨季节要注意防水,采取切实可行的导流措施,以保证基础桩施工顺利、按期完成。

(5)做好水泥的防护工作,除加强水泥库的防雨措施外,要准备足够的帆布篷和塑料篷布。

(6)混凝土施工:雨季施工时,注意天气预报,严格控制骨料含水量,拌和设备和浇筑现场要搭设雨棚,已浇完的混凝土要及时洒水养护并用塑料布或草袋养护,并做好排水工作;冬季施工时要采取保温措施,预应力T梁预制时采用蒸汽养护,盖梁和其他混凝土构件用草苫覆盖保温,并在混凝土中添加防冻剂。

6 隧道施工组织设计

6.1 工程概况

隧道全长×××m，主要穿越地层为第四系残坡积层砂黏土，硬塑厚0~1m下伏白垩系含砾砂岩极严重风化-颇重风化，地下水不发育。围岩级别Ⅴ级、Ⅲ级。

隧道进口设置在$R=800$圆弧上，隧线中距在DK×××~DK×××段$d=18.5$cm，隧道加宽$W=50$cm；在DK×××~DK×××段$d=9.5$cm，$W=30$cm；在DK×××~DK×××段$d=0$，隧道加宽$W=0$，出口设置在直线上，线路纵坡5.4‰。

根据会议精神，结合现场实际情况，决定采用从隧道出口往入口单方向打下坡。

隧道采用喷锚作施工支护，薄型模筑衬砌。在模筑衬砌的背后，纵环向设置TR加劲型软式透水管盲沟。隧道洞口段设置格栅架加强支护。洞门进口设置端墙式带翼墙洞门，出口设置1:1.25斜坡式洞门。

全部模筑衬砌施工缝采用NPJ腻子型遇水膨胀止水条，平均每8m设一环。

6.2 施工原则

(1)隧道均按喷锚构筑法原则及全过程信息化组织施工，钻爆开挖，喷锚支护，模筑衬砌，施工程序见图6-1。

(2)Ⅴ级围岩地段采用短台阶法或超短台阶法开挖施工，Ⅲ级围岩采用正台阶法开挖施工。

(3)隧道进出口大部分都位于软弱围岩中，均为Ⅴ级土质或软弱破碎围岩，因而对洞口段地表采用竖直锚杆结合地表网喷射混凝土进行加固。对洞口段做到“短进尺、小循环、早喷锚、强支护、快封闭”，确保洞口段施工安全。

(4)土质及软弱破碎围岩隧道采用人工风镐开挖，尽量减少对围岩的扰动。

石质隧道均采用上台阶光面爆破、下台阶预裂爆破，严格控制超挖。对软岩、破碎岩层，实施浅眼多循环，超前支护及强支护、早封闭的开挖原则。

(5)隧道洞内按无轨运输组织施工。

(6)挖、装、运，锚喷施工支护、衬砌等工序按配套完善、匹配合理原则组织机械化作业。

(7)施工过程中遵循“弱爆破、强支护、勤量测、早衬砌”的原则，确保隧道施工安全。

6.3 主要工程项目及施工方法

6.3.1 控制测量

6.3.1.1 洞外控制测量

在洞外根据复测成果布设精测网点。隧道外采用五等主、副精密导线控制。导线各

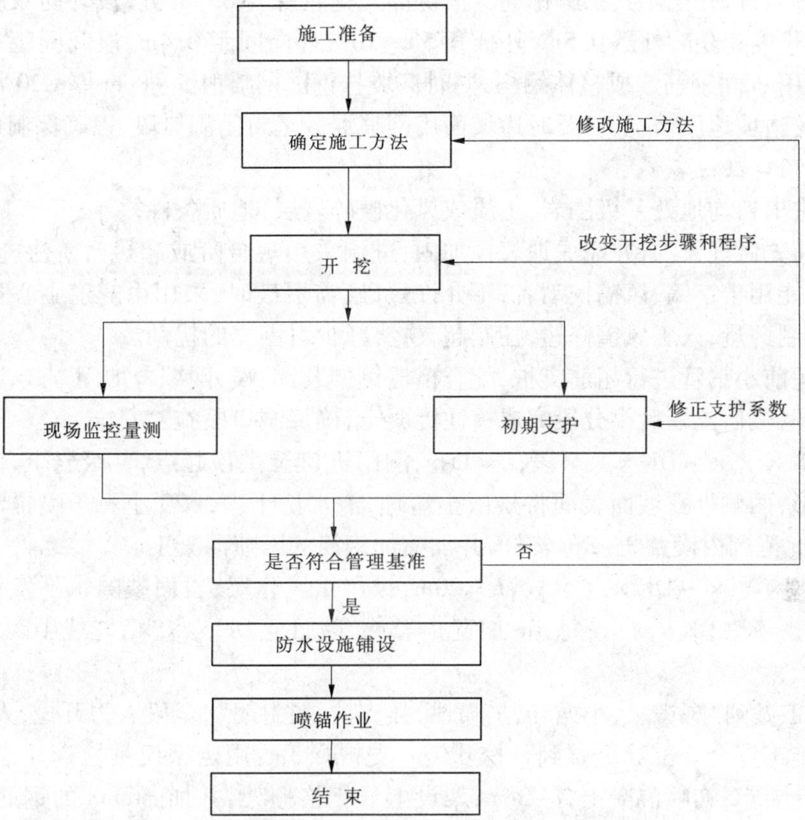

图 6-1 喷锚构筑法施工程序

水平角及导线边采用尼康 DTM－450ES 全站仪进行观测，导线测角进行 3 个测回，导线边往返观测 2 个测回，要求精度 1/20 000 以上。

6.3.1.2 洞内控制测量

洞内平面控制点利用洞外五等导线投 3～4 个基准点，洞内设主、副导线，形成角度闭合条件，洞内观测角采用 J_2 级经纬仪，观测 2 个测回，导线边丈量采用 DI2002 光电测距仪，要求精度 1/10 000 以上。

6.3.1.3 高程控制测量

采用五等高程控制测量，洞口设 2～3 个水准点。

6.3.2 洞口工程

6.3.2.1 地表预加固

依据隧道洞口的工程地质现状和地面斜坡，进洞前需对洞口、洞顶地表进行预加固。

首先在仰、边坡刷坡顶外 5～8m 做双向截水沟，以拦截地表水，防止流水冲刷洞门造成危害。对洞门四周地段采用横竖锚杆并结合地表网喷射混凝土进行加固。即从隧道洞口段至埋深小于 10m 地段，横向 5m 范围内设置竖向锚杆加固地表。锚杆长度为 3～5m，呈梅花型布置，间距 1.0m×1.0m。

根据实际地质情况，调整普通锚杆为注浆锚杆，并对地层注水泥净浆，同时将仰坡面刷到洞门端墙背，并挖至其拱脚标高。沿拱部开挖轮廓外0.1m处，设环向双层水平灌浆锚杆加固，长度4.0m，外露0.5m，外插角5°～10°，环向间距0.4m，层间间距0.3m，外露双层锚杆，用ϕ20钢筋连成整体钢构，同时仰坡挂钢筋网喷射5～8cm厚C20混凝土。根据洞口开挖边坡地质情况，必要时边坡面用网喷混凝土封闭洞口段，以确保洞口安全。

6.3.2.2 洞口段施工

隧道进出口均地处Ⅴ级围岩，土质或风化破碎岩层，地质条件差。

进洞前先做好天沟，并完成地表预加固，进洞采用短台阶或超短台阶法施工，先施工上台阶，凡能用十字镐、风镐挖动者，不允许爆破，需爆破时，采用由隧道中心掏槽分段启爆，严格控制药量，人工风镐修边，控制超欠挖，减少对围岩的扰动。

采用超前小钢管进行超前支护，配合格栅钢架及锚、喷、网综合加固方式，先拱后墙喷锚支护进洞，然后先墙后拱分段完成模注混凝土，确保洞口段施工安全。

(1)DK×××～DK×××段，$L=11$m，洞门进口至拱顶起点，Ⅴ级岩土，按设计洞门做成斜坡形，两侧外露坡面表面将松散土清理，清水洗干净，C20小石子喷锚混凝土。靠洞门1～2m范围内设置2～3m锚杆，并加喷加钢筋的网喷混凝土。

(2)DK×××～DK×××段，$L=20$m，极严重风化层，岩面裂隙水不发育。隧线中距由DK×××～DK×××，每5m加宽$d=3$cm逐加至DK×××，隧线中距为0.095m，$W=30$cm。

① 施工做到“短进尺，小循环，早喷锚，强支护，快封闭”，全段人力开挖，人力出渣，确保洞口段施工安全。上导坑做到开挖0.7m，支护0.5m：用定型模具检查开挖断面尺寸，修整至设计要求；初喷混凝土2～3cm；架设上导钢格栅架，并加ϕ6mm的钢筋网；喷设混凝土至设计厚度，将钢格栅间填平，厚度0.21～0.22m。

② 按洞门坡度要求从DK×××开始立第一排钢格栅(洞外)并按每0.5m间距布设钢格栅架。共设置格栅架42榀，第1、2榀格栅与顶部超前锚杆电焊成一整体。

③ 按要求设置ϕ22螺纹钢筋超前锚杆，长度为3～5m，环向间距40cm，外插角5°～10°，纵向相邻两排锚杆保证不超过1m的水平搭接长度。

④ 由于此段顶部土层较薄，为安全保证，将施工误差考虑5cm，预留沉落量按2cm设置。

⑤拱部边墙设置经向锚杆，锚杆采用ϕ22mm，$L=3$m，梅花型布置，环向间距1m，纵向间距1m，顶部、边墙采用ϕ6mm网格，间距20cm×20cm。

6.3.3 洞内施工

6.3.3.1 洞身开挖

1)开挖方法和钻爆设计

对Ⅴ、Ⅵ级围岩段采用超短台阶法施工，台阶长3～5m，用风镐和十字镐人力开挖，确需爆破时采用短进人(1.0～1.5m)分阶段启爆的控制爆破。

Ⅲ级围岩段采用正台阶法施工，应用光面预裂爆破技术。

2)开挖超前支护

根据设计文件，在进、出口围岩破碎段，采用4m长的超前锚杆进行超前预支护。对于隧道其他地段，结合现场地质实际情况，对浅埋、破碎及断层等地质不良地段，会同设计、监理，共同制定超前支护方法，稳妥掘进，确保施工安全。

3）洞内施工

（1）DK×××~DK×××段，$L=170\text{m}$。

①线路中心与隧道中线由DK×××~DK×××段$L=30\text{m}$范围内逐步增加，$d=9.5\text{cm}$至$d=18.5\text{cm}$顺接设置。拱顶、边墙采用喷锚支护。

②施工中采用喷锚防护，台阶法施工，每次掘进1.2m，开挖放爆，按爆破设计布眼，光面爆破，岩层变好，逐步加长打眼深度，做到早成型，早喷锚支护。

③施工误差按5cm设置。

（2）DK×××~DK×××段$L=15\text{m}$，$d=18.5\text{cm}$，$W=50\text{cm}$。钢格栅按每0.5m间距布设格栅架。共设置格栅架31榀。比照DK×××~DK×××段施工方法施工。

4）开挖施工机械

台阶法施工时上台阶采用简易操作平台配7655型风钻进行爆破钻眼、装药施工，下台阶及全断面施工时采用自制工作平台（载重汽车底盘架设钢管工作平台）配7655型风钻进行爆破钻眼、装药施工。

7655型风钻配备：隧道每工作面上台阶为4台，下台阶为8台；隧道全断面为12台。

6.3.3.2 装渣运输

采用无轨运输方式，用ZL-30侧卸式装载机装渣，5t自卸汽车配合运输出渣，利用洞内避车洞布设汽车调头、会车及设备避让场所。进洞的汽车、装载机等设备均安装废气净化装置，以减少尾气中一氧化碳等有害气体含量。拟配置5台汽车出渣，隧道弃渣用做黄龙车站填方。

6.3.3.3 喷锚支护

喷锚支护作为稳定围岩、确保施工安全的必要措施，必须在开挖后立即进行。支护作业视围岩稳定程度，依据设计文件采用不同的支护参数。

Ⅴ、Ⅵ级围岩喷锚施工支护必须紧跟开挖面实施，安设系统锚杆，拱墙部挂钢筋网加设格栅钢架，喷C20早强速凝混凝土。

Ⅲ级围岩拱部安设随机锚杆，视围岩地质情况，局部挂网喷C20早强速凝混凝土。

混凝土喷射采用TK961型湿式喷射机，施工时认真优化混凝土配合比设计，控制计量，混凝土初凝不大于5min，终凝不大于10min，在作业面采用LKKG30除尘机净化空气。

锚杆施工采用风钻钻眼，拱部锚杆锚固采用早强锚固，边墙锚杆采用早强砂浆锚固。

喷锚前做好以下准备工作：

（1）检查开挖断面尺寸。

（2）清除松动岩块和墙脚岩渣，用风或水清洗待喷面。

（3）埋设喷混凝土厚度的标尺桩。

（4）检查机具设备并试运转。

喷射作业分段、分片由下而上顺序进行，每段长度根据围岩情况控制在1~5m。喷射作业一般分两次完成，第一次在开挖后随即初喷一层厚约5cm，然后安锚杆、挂网、架拱架，随后复喷到设计厚度。喷射后4h方能进行爆破作业。

对于软弱破碎围岩喷射混凝土作业应紧随工作面，随挖随喷，当工作面岩体自稳时间小于一个掘进循环时，除加强量测和修改施工方法外，工作面应及时采用喷射混凝土加固，锚杆安装应采用速凝早强砂浆锚杆，锚杆施工应尽早安排，一般不超过24h。

6.3.3.4 清底、仰拱、铺底

在整个断面开挖、喷锚支护完成后，及时清底施作仰拱和铺底，为避免与开挖面工作相干扰，该项工作视围岩软硬安排在开挖面20～50m后进行。

6.3.3.5 隧道衬砌

根据设计文件，该隧道采用薄型模筑衬砌。

模筑衬砌的施工时间根据施工工序安排，原则上与开挖面的距离不大于50m，在洞口浅埋、破碎带，适当布点进行监控量测，量测项目为拱顶下沉周边收敛量测，用以指导施工，尽早进行模筑衬砌。

对有明显流变或未胶结松散地层，由于围岩压力大和支护变形无收敛趋势时，应及时提前做二次衬砌。并会商有关部门对这类二次衬砌进行加强。

模筑衬砌采用衬砌台车，采用混凝土输送泵灌注，机械振捣。

1）衬砌台车

本隧道衬砌采用××××公司自行设计制造、符合《××××隧道施工规范》和《结构设计规范》（GBJ17—88）的台车，台车全长8m，宽度能满足$W=10\sim50$cm加宽要求，满足本隧道边墙为曲墙、直墙的要求。

衬砌台车采用大块钢模板制成，有足够的刚度，浇筑成型接缝少，表面平整，光滑。

衬砌台车采用机械螺旋顶，丝杆等立、折模，并设有附着式振动器，振动简便，折装件单重部件最重6t，折装运输方便。

衬砌台车门架内净宽2.6m，净高4m，能满足出渣车运输要求。

2）衬砌台车操作程序

（1）组装衬砌台车：

①在隧道口平整的路基上铺设约10m长，轨距2.9m±5mm，水平±5mm，轨缝±8mm，P43或P50轨。先行轨铺设符合线路的一般要求。

②安装好架体后，利用支架逐块安装模板，从顶部到边板顺序安装。安装完毕后，清理模板，机油涂刷表面（或脱模剂）。

（2）浇筑混凝土：

①衬砌台车利用葫芦牵引到位后，用机械螺旋顶将台车走行横梁顶起，并用硬杂木抄实。

②衬砌台车顶模用机械螺旋顶立模，并左右平移对中，用连接杆件将上工字钢与台车龙门架固定，中间两组门架用千斤顶顶进（垫实）。

③使用丝杆立边模板，调整至设计位置，将全部丝杆顶实。

④将台车最后一块模板用螺栓连接好，调平到位。

⑤浇筑混凝土应左右对称施工，其高差不得超高0.3m。

⑥拆模顺序与立模相反操作。

3）衬砌台车操作要求

（1）对有关作业人员进行培训上岗，要求了解其性能和操作程序。认真学习操作规程。

(2)衬砌与前方爆破作业要有20m以上的距离。

(3)衬砌过程中尽量不安排出渣,出渣运输时,车辆通过衬砌台车必须有专人指挥通过。

(4)每次拆模后,应认真清洗模板,并刷好机油待下次再用。

衬砌工序时间安排为:

①每循环灌注8m,需10~15h。

②每循环脱模时间,当混凝土强度达到2.5MPa时即可拆模。

③台车脱模后清洗,用时8~12h。

④每循环总计作业时间48~72h。

严格按照设计设置排水盲沟、控制隧道双侧排水沟纵坡,保证洞内主排水渠道畅通。

所有的工作缝、沉降缝和伸缩缝均应按设计要求埋设橡胶止水带,进行防水处理,按施工规范认真施作,确保不渗不漏。

在地质变化的围岩分界处,洞口范围及衬砌断面变化处应按设计要求设置沉降缝。

衬砌施工应与设计的沉降缝、伸缩缝相结合布置。

6.3.4 施工辅助设施

6.3.4.1 供高压风及供高压水

根据钻岩、锚喷、压浆、泵送混凝土等各工序的总用风量和工作面风压不小于0.5MPa的要求,在各洞口附近设空压机站,以直径150mm主风道送风至工作面附近风包,再以软管接至风动机械。

风管在洞内应敷设于电线路的另一侧,并与运输道路有一定间距,管道高度不应超过运输道路且不影响水沟排水。

隧道施工时必须有足够的水源以满足工程施工和生活需要。根据本标段工程特点,隧道洞口附近打水井或设蓄水池利用地表水,再用泵送管路输水至高山蓄水池。高山蓄水池修建在洞顶附近上方,水池位置高度应能保证工作面水压不小于0.3MPa的要求。水池的输出管设总闸阀,以便控制和维修管道。管道与前端主开挖面保持距离为30m,用直径50mm高压软管接分水器,给水管道安设在电线路的异侧,应不妨碍运输、行人和供电、照明。

6.3.4.2 供电

地方高压电网较为发达,有一定的供电能力,施工用电拟就近利用当地电源。

隧道内用电统一安排,洞内电线布置为:成洞地段400V/230V三相四线绝缘线,固定在边墙高2.5m处;作业地段动力用电使用380V橡胶电缆,照明用电压为36V,线路采用移动式布置。

6.3.4.3 通风和防尘

隧道施工存在着废气、炮烟以及爆破、喷射混凝土粉尘等多种污染源,为降低洞内粉尘浓度,排除有害气体,必须加强隧道通风。采用压入式通风,进风口设在洞口外大于20m处,以免污染空气再次进入洞内。压风采用Y200L-4型(28kW)轴流风机配直径600mm通风管。

6.3.4.4　洞内施工防水排水

隧道施工遇有地下水时，当水量较大时，采用集中排水方式，并设排水管道；对于分散的滴水，根据水量的大小，采用相应的止水或疏导措施，如增加喷射混凝土中速凝剂用量，或在滴水点处绑上细孔钢筋网，覆盖半圆形导水管引入排水沟等。

对施工造成的废水，在顺坡掘进的隧道，设与隧道相同纵坡的侧沟排水，引至洞外排水系统。对反坡掘进的隧道着重解决好工作面排水问题，根据纵坡、距离、水量分段设置集水坑，抽水坑分段接通管路排出洞外。排水侧沟以砂浆抹面。排水系统设专人负责疏通清理，做到水管不漏，水沟不堵，工作面无积水。

6.3.4.5　劳动力组织

隧道各工区施工实行弹性作业叫班制，按工序组成专业班组，分设掘进班、运输班、喷锚班、混凝土衬砌班、仰拱班和通风组、电工组、养护保证组、测量量测组。

各班组作业实行工序责任承包负责制，在队长和领工员的协调安排下，各班组作业根据工作量安排上岗人员数量。各班劳力组合见表6-1。

表6-1　一个工区劳力组合

序号	班组名称	总人数（人）	主要工种及人员数（人）	工　序
1	掘进班	20	钻机司机8，爆破手6	钻孔、装药爆破、按锚杆
2	运输班	16	司机8，修理工4	出渣
3	喷锚班	10	喷射手4，混凝土工6	喷射混凝土、按钢架、挂钢筋网
4	混凝土衬砌班	40	混凝土工6，木工2，钢筋工4	立模、衬砌混凝土
5	仰拱铺底班	16		清底、仰拱铺底
6	通风班	3		通风管道安装维修
7	电工班	5		电线安装、跟班值日
8	养护保证组	10		供风、供水管接长、道路养护、洞内排水
9	测量量测组	5	技术员2，测量工3	中线水平测量及监控
合计		125		

6.3.5　隧道监控量测

监控量测是喷锚构筑法的重要组成部分。通过监控量测对围岩动态和支护工作状态作出正确评价，为隧道施工的安全提供依据。

××××隧道属浅埋短隧道，Ⅴ类围岩较长，洞门均在软岩层面上，特要求在隧道出口进行隧道监控量测达到以下目的：

（1）掌握围岩和支护动态，进行日常施工管理。

（2）了解支护构件的作用及效果。

（3）确保隧道施工安全。

(4)了解地表加固后的效果和对洞内格栅的影响。

在工地成立监控量测小组,洞内自 JDK7 +761 ~ JDK7 +750 每 5m 制作拱顶、起拱线、边墙中部、边墙脚共 7 个测点,作水平高程,径跨丈量,每日一次。洞外、地表进行水平高程量测,每日一次。

根据开挖工作面状态评价和量测数据处理,确定其稳定性,是否要修改支护参数,是否要改变施工方法和加强支护措施,达到安全生产的目的。

6.4 主要工程项目及施工工艺

6.4.1 光面爆破施工工艺

6.4.1.1 光面爆破设计及说明

台阶法爆破掘进时,采用 7655 型风钻钻眼;人工装二号岩石硝铵炸药或乳化油炸药,非电导爆管微差启爆网络。

6.4.1.2 光面爆破施工工艺流程及相关注意事项

光面爆破施工总工艺流程是:依据掌子面的地质情况,确定围岩类别,选定爆破方案→据爆破设计放线布眼→7655 型风钻钻眼→(按规程领取加工爆破火工品)装药→人员设备退场→启爆→排烟→检查爆破效果→修正爆破设计→进入下道工序。

光面爆破时,炮眼的位置、角度、装药量等是光面爆破效果是否好的关键,应认真按爆破设计进行布眼、钻眼,并对钻爆操作人员进行岗前培训,强化过程管理,确保光面爆破效果良好。

装药采用人工进行,周边眼按爆破设计方案,采用间隔装药法装药,药卷与药卷之间用木棍进行间隔。其他炮眼按设计的装药量,进行耦合连续装药结构。

爆破结束后,排烟完毕,检查爆破效果,如爆破进尺、轮廓线超欠挖、炮痕保存率、爆方石块大小、抛距等情况,并综合考虑,逐步修正爆破设计,以达到满意的钻爆效果。

6.4.2 格栅钢架

6.4.2.1 格栅制作

格栅钢架在现场制作平台上就地加工,人工就地安装成型,装载机配合安装。

6.4.2.2 钢架试拼

首榀钢架加工完成后应放在水泥地面上试拼,当各部尺寸符合设计要求时,才可进行批量生产。周边接装允许偏差为 ±3cm,平面翘曲应小于 2cm。

6.4.2.3 施工注意事项

(1)安装前分批按设计图检查验收加工质量,不合格禁用。

(2)安装钢架前,应检查开挖断面的中线及高程,开挖轮廓线应符合设计要求,中线、高程允许偏差为 ±3cm。

(3)清除干净底脚下的虚渣及其他杂物,超挖部分宜用混凝土填充。安装允许偏差横向和高程均为 ±5cm,垂直度允许偏差为 ±2°。

(4)按设计焊连定位筋及纵向连接筋,段间连接安设垫片拧紧螺栓,确保安装质量。

(5)钢架与岩面间安设鞍形混凝土垫块,确保岩面与钢架密贴。

(6)确保初喷质量,钢架在初喷 5cm 后架立。

(7)沿钢架外缘每隔2m应用楔子临时楔紧。

6.4.3 注浆锚杆施工工艺

6.4.3.1 锚杆类型及其设置

锚杆：ϕ20钢筋，$L=2.5\sim3$m，施工范围内梅花型布置，间距1.0~1.2m。

6.4.3.2 钻孔

采用7655型风钻钻眼，孔眼方向垂直于岩面，钻孔直径至少应大于锚杆直径15mm。

6.4.3.3 锚杆安装

采用砂浆锚杆时，应根据设计要求截取杆体并整直和除锈。

锚杆注浆安装前须先做好材料、机具、脚手平台和场地准备工作，注浆材料使用标号大于325号的水泥，粒径小于3mm的砂子、并需过筛，水灰比为0.4~0.45，砂浆标号大于200号。

砂浆锚杆作业程序是先注浆，后放锚杆，具体操作是：先将水和稀浆湿润管路，然后将已调好的砂浆倒入泵内，将注浆管插至锚杆眼底，将泵盖压紧密封，一切就绪后，慢慢打开阀门开始注浆，在气压推动下，水在前，砂浆在后，水湿润泵体和管路，引导砂浆进入锚杆孔中，随着砂浆不断压入眼底，注浆管跟着缓缓退出眼孔，直至砂浆注满眼孔后，立即把锚杆插入眼孔，接着用推、锤击方法，把锚杆插至眼底，然后用大楔塞紧眼口，防止砂浆流失。

注浆压力不宜过大，保持在0.2MPa为宜。压注浆时，必须密切注视压力表，发现压力过高，须立即停风，排除堵塞。锚杆孔中必须注满砂浆，发现不满需拔出锚杆重新注浆。

注浆管不准对人放置，注浆管在未打开阀门前，不准搬动，关闭密封盖，以防止高喷出物射击伤人。

使用掺速凝剂砂浆时，一次拌制砂浆数量不应多于3个孔，以免时间过长，砂浆在泵、管中凝结。

6.4.4 喷射混凝土施工工艺

6.4.4.1 配合比

喷射混凝土配合比，需符合混凝土的强度和喷射工艺要求，可通过经验选择，并通过试验确定，也可参考以下数据：

水灰比：0.4~0.45；砂率：45%~60%；灰骨比：1∶4~1∶5。

速凝剂掺量通过试验确定，一般为水泥重量的2%~4%。水泥选用普通硅酸盐水泥，水泥标号不得低于425号，细骨料采用坚硬耐久的中砂或粗砂。细度模数宜大于2.5，含水率控制在5%~7%。

粗骨料采用坚固耐久的碎石或卵石，粒径不宜大于15mm。

6.4.4.2 搅拌和施喷机具

(1)采用强制式搅拌机。

(2)喷射采用TK961型湿式混凝土喷射机。

6.4.4.3 喷射前准备工作

(1)检查受喷面尺寸，保证开挖面尺寸符合设计要求。

(2)拆除障碍物。

(3)清除受喷面松动岩石及浮渣，并用射水或高压风清洗除掉。

(4)铺设钢筋网时，做到钢筋使用前清除污锈，钢筋网到喷面间距不小于3cm，钢筋网与锚杆连接牢固，接头应稳定。

(5)机具设备及三管二线，应进行检查和试运转。

(6)喷射地段有漏、滴、渗水现象时，应予以及时处理，采取堵、截、排等手段，使混凝土喷射面无水淋、滴水现象，以保证混凝土与岩面的黏结。

(7)在喷射混凝土地段，地面上应铺设薄铁板或其他易于收集回弹的设备。

6.4.4.4　喷射混凝土材料要求

(1)混凝土材料配量允许偏差(按重量计)见表6-2。

表6-2　混凝土材料配量允许偏差

材料名称	偏 差(%)
水泥和干燥状态混合材料	-2，+2
粗、细骨料	-3，+3
水及外加剂溶液	-1，+1

(2)拌和应力求均匀，颜色一致。

(3)掺有速凝剂的混合料的有效时间不得超过20min。

(4)喷射机操作：每班作业前，应对喷射机进行检查和试转动。开始时应先给风再给电，当机械运转正常后方可送料。作业结束时，应先停电，最后停风。作业完毕或因故间断时，对喷射机和输料管内的积料必须及时清除干净。

(5)喷头的操作：喷头应保持良好的工作性能，开始喷射时应先给水，再给料，结束时应先停料，后关水。喷头与受喷面宜垂直。其间距应与风压协调，以0.6~1.2m为宜。严格控制水灰比，混凝土喷射附层应呈湿润光泽状，黏塑性好，无斑和流淌现象。如发现有脱落的石块或混凝土块被钢筋网架住时，应及时清除。

突然断水或断料时，喷头应迅速移离受喷面，严禁用高压风或水冲击尚未终凝的混凝土。

回弹料应充分利用，一般在喷射后2h内用完，回弹料可用做骨料，重新拌和喷射混凝土，亦可作其他附属工程的混凝土用料，但应通过试验确定。

6.4.4.5　混凝土养护

混凝土终凝后2h，应立即开始洒水养护，养护时间不得小于14d，洒水次数以能保持混凝土充分湿润为度。

6.4.4.6　钢架喷混凝土要求

(1)钢架与围岩之间的间隙必须喷混凝土以充填密实。

(2)喷射应从下向上对称进行，先喷射钢架与围岩之间空隙，后喷射钢架之间混凝土。

(3)钢架应全部被喷射混凝土所覆盖，保护层厚度不得小于4cm。

6.4.4.7　在有水地段进行喷射作业时应采取措施

(1)改变混凝土配合比，增加水泥用量，先喷干混合料，待其与涌水融和后，再逐渐加水喷射。

(2)喷射时,先从远离出水点处开始,再逐渐向涌水点逼近,将散水集中,安设导管,将水引出,再向导管逼近喷射。

(3)当涌水严重时,设置泄水孔,边排水边喷射。

6.5 主要施工机械设备

主要施工机械设备见表6-3。

表6-3 主要施工机械设备

序号	机械名称	规 格	单位	数量	进场日期	备注
1	变压器	S8 250kW/10	台	1		
2	空压机	4L-20/8	台	1		
3	挖掘机	EX200-1	台	1		
4	装载机	ZL-50	台	1		
5	装载机	ZL-40	台	1		
6	自卸车	东风 EQ140 5T	台	2		
7	电动搅拌机	J2C350	台	1		
8	电动搅拌机	MODEL	台	1		
9	喷浆机	PZ-58	台	2		
10	电焊机	BX1-500	台	2		
11	电焊机	BX6-300	台	2		
12	混凝土输送泵	HBT60	台	1		
13	发电机	75kW	台	1		备用
14	空压机	内燃 $12m^3/h$	台	1		备用

6.6 施工进度安排

隧道全长×××m,其中Ⅴ级围岩长度46m,Ⅲ级围岩长度×××m。根据施工总体部署,隧道从出口方向单口掘进。

按照施工作业循环图表,在Ⅴ级围岩中每循环作业时间为18.5h,平均月进尺35m,平均月成洞20m。在Ⅲ级围岩中每循环作业时间为16h,循环进尺2.0m,月平均进尺75m,平均月成洞50m。

本工程计划开工日期200×年××月××日,计划竣工日期为200×年××月××日。

6.7 质量目标

确保全部分项、分部工程达到国家现行工程质量验收标准,工程一次验收合格率100%,工程质量达到优良,不渗不漏。

6.8 质量标准

6.8.1 洞口工程

6.8.1.1 洞门

(1)洞口结构形式必须符合设计要求。

(2)洞门端墙、翼墙及洞口挡土墙的基础设置必须符合设计要求。

(3)洞口的混凝土与砌体及砂浆强度必须符合设计要求。

(4)洞门挡、翼墙结构形式及泄水孔设置应符合设计要求。

(5)洞口的混凝土应密实,外观无蜂窝麻面。砌体的石料应无污渍和风化层,砌缝砂浆饱满。

(6)伸缩缝、沉降缝的设置应符合设计要求。

(7)洞门端墙及挡翼墙墙背的回填密实应符合规定。

(8)洞门检查梯及隧道名牌、号标的设置应符合设计规定。

(9)洞门构造尺寸及墙身应符合表6-4的规定。

(10)墙身砌体砌筑允许偏差应符合表6-4的规定。

6.8.1.2 洞口边、仰坡

(1)边、仰坡坡面和坡脚防护应符合设计要求。

(2)边、仰坡坡顶应无危石,坡度符合设计要求,坡面无显著凹凸不平。

表6-4 洞门允许偏差 (单位:mm)

序号	项目		允许偏差	检验数量	检验方法
1	构造尺寸	水平距离	<100	3~7点	查阅设计图,尺量
		高差	+50,-10		
2	断面厚度	混凝土	<20	不少于7点	查阅设计图,尺量
		砌体	<40		
	垂直度	全高	<50		尺量
	表面平整度	混凝土	≤5		观察、尺量
		砌体	≤10		
	墙面坡度		±5%		尺量

注:当错缝确有困难时,可有一侧不大于40mm的错缝。

6.8.2 洞身开挖

6.8.2.1 喷锚衬砌

(1)喷锚衬砌开挖断面的中线、高程必须符合设计要求。

(2)喷锚衬砌断面欠挖量每平方米不大于0.1m^2,最大欠挖值不大于5cm。

(3)喷锚衬砌断面超挖值应符合表6-5的规定。

6.8.2.2　整体式衬砌

(1)整体式衬砌开挖断面的中线、高程必须符合设计要求。

(2)整体式衬砌断面在拱、墙脚以上1m范围内应无欠挖,其他部分在岩层完整、抗压强度大于30MPa时,允许岩石个别突出部分(每平方米不大于0.1m^2)侵入断面不得大于5cm。

(3)整体式衬砌开挖断面允许超挖值应符合表6-5的规定。

表6-5　允许超挖值　(单位:cm)

序号	开挖部位	围岩条件类别			检验数量	检验方法
		硬岩一般相当于Ⅵ类围岩	中硬岩、软岩相当于Ⅴ~Ⅲ类围岩	破碎松散岩石及土质相当于Ⅱ、Ⅰ类围岩(一般不需爆破开挖)		
1	拱部	平均10,最大20	平均15,最大25	平均10,最大15	每5~10m检验一次,衬砌紧跟时,每次衬砌前检验一次	量测周边轮廓断面,绘断面图,与设计断面核对
2	边墙、仰拱、隧底	平均10	平均10	平均10		

6.8.3　**洞身衬砌**

6.8.3.1　锚喷衬砌

(1)喷锚衬砌结构的中线、高程及内轮廓(隧道净空)必须符合设计要求。

(2)混凝土、喷混凝土的强度等级必须符合设计要求。

(3)喷混凝土喷层厚度(包括钢筋网喷射混凝土)应符合设计要求。喷层厚度应有90%及以上符合设计厚度,且喷面平顺,无漏喷。

(4)喷射混凝土前,受喷面应无松动岩块,墙脚无虚渣堆积,且受喷面干净。

(5)锚杆类型、规格、材质符合设计要求,且杆体顺直,表面无锈蚀。

(6)砂浆锚杆的砂浆强度、孔内注浆量、锚杆插入深度及抗拔力符合设计要求,且锚杆孔内砂浆饱满,黏结均匀,托板与岩面密贴。

(7)钢筋网的材质、规格、网络结构形式应符合设计要求,钢筋网与锚杆连接方便牢固。

(8)钢架支撑的架立,应符合下列规定:

①钢架材质、规格、强度和刚度应符合设计要求。

②钢架各部接头及纵向拉杆等装配齐全连接牢固,底板安置稳定。

③钢架支撑形状尺寸应与开挖面相适应,如作为衬砌结构组成部分则应与衬砌断面相配合,且焊接或栓接整体性好,坚固可靠。

6.8.3.2　整体式衬砌

(1)整体式衬砌结构的中线高程及内轮廓(隧道净空)必须符合设计要求。

(2)拱墙衬砌混凝土或砌体的强度等级应符合设计要求。

(3)拱墙衬砌厚度应符合设计要求。

(4)边墙基底稳固,无虚渣杂物及淤泥。

(5)拱墙衬砌外观质量应符合下列要求:

①混凝土表面平顺,无蜂窝麻面。

②砌体无缺角破损,石料无风化层及污渍,且各段外观平顺美观。

(6)拱墙背后的回填应密实,且回填及时。

6.8.3.3 铺底

(1)铺底厚度应符合设计要求,局部(每平方米内不大于0.3m^2)厚度偏差不应大于50mm。

(2)基底应无虚渣杂物及积水、冒水,且铺底表面平顺。

6.8.3.4 仰拱

(1)仰拱厚度应符合设计要求。

(2)仰拱混凝土强度,应符合设计规定。

(3)仰拱基底应无虚渣杂物及积水、冒水,且仰拱表面平顺。

(4)仰拱拱座与边墙及水沟连接面结合应符合设计,且拱座与边墙结合密贴。

6.9 质量保证措施

(1)加强施工人员的质量教育,提高质量意识,深化质量责任制,严格遵守操作规程,广泛开展QC小组活动,消除人为因素造成的工序质量缺陷。

(2)加强原材料的质量控制,定点、定量采购,严格检验和验收程序,消除原材料因素对工序质量的影响。

(3)加强设备管理,提高日常设备维护和检验的工作水平,保证设备完好率,消除和预防机械设备故障导致的工程质量问题。

(4)提高文明施工程序,确保工序作业的环境条件,预防环境因素造成的质量缺陷。

(5)计量仪器和设备定期标定、检查,确保精度,积极采用先进的计量设备和快速准确的测试技术,消除和预防检验、测量和试验因素造成的质量缺陷。

(6)坚持持证上岗,严格施工纪律,按规范组织施工,消除施工方法不当造成的工序质量缺陷。

(7)隐蔽工程施工应掌握好技术规范,明确质量要求,做好技术交底,并做好工序质量检查记录,使工程质量处于受控状态。

(8)在隧道工程施工中,要根据施工设计及工程地质情况,选择安全、稳妥的施工方案,严格按照铁道部现行的隧道设计、施工、检验评定标准组织施工,注意做好以下几项工作,确保工程质量。

①严格按光面爆破设计布眼、装药,测定掘进断面,检查爆破效果、修正爆破设计,努力提高光面爆破质量,有效控制开挖断面。

②建立监控量测小组,配备专用量测仪器,按规定周期量测,准确完整地收集数据,分析掌握围岩收敛情况,及时反馈信息,为设计和施工提供科学依据。

③努力提高锚喷支护的质量,按规定检查锚杆的抗拔力和锚喷层厚度,做到断面尺寸符合设计,支护结构稳定可靠。

④隧道按设计要求环向及纵向设软式透水盲沟,施工中保证防水材料的性能,符合设计标准,铺设时必须与喷射混凝土表面密贴,保证搭接长度。隧道衬砌使用定型钢模模板组拼,先进行设计,并在衬砌前试拼,在施工过程中精确测量,确保模板缝纵向一条线,环向一个面的整齐外观效果。

⑤对于隧道超挖部分,严格按照规范要求,用同级混凝土回填密实。

6.10 安全保证措施

参加隧道施工的工人必须接受安全技术教育,熟悉和遵守隧道施工技术安全规范,并进行安全考试,合格后方准上岗操作,并按规定佩带安全防护用具。各种机械操作人员必须持证上岗,对各种机具应定期进行检查和试验,保证其处于良好状态。专职安全检查员经常对施工安全进行监督检查,对严重违反施工安全规定的工点,有权下令停工整顿,直到复查合格后方可复工。一旦发生事故,严格按照“三不放过”的办法处理。

6.10.1 隧道施工安全措施

(1)坚持以地质为先导的原则,时刻掌握掌子面的地质情况,异常地质要用特殊的超前支护和初期支护措施。

(2)坚持先护顶后开挖的原则组织施工:采用超前小导管预注浆加固措施。通过试验确定注浆的压力、固结范围,做到心中有数,保证注浆能够相互胶接,提高围岩的自稳能力。

(3)严格控制每循环进尺,开挖形成后及时进行初期支护,确保工序衔接,尽早施作仰拱封闭成环,以改善受力条件,对特殊地段缩小钢格栅间距,加密超前小导管,以加强初期支护。

(4)加强对开挖面的量测:开挖初期支护后,量测拱顶下沉及拱脚、墙腰的收敛,隧道隆起量测,格栅钢架的内力量测,对数据进行系统的分析,发现异常情况立刻做加强措施,如采用锚杆加强、注浆加固、挂双层钢筋网、复喷混凝土等措施,增加初期支护刚度,防护围岩局部突破引起塌方。

6.10.2 施工现场用电安全措施

施工现场临时用电,严格按《施工现场临时用电安全技术规范》(JGJ468—88)的有关规定执行。

(1)临时用电线路的安装、维修、拆除,均由经过培训并取得上岗证的电工完成,非电工不准进行电工作业。

(2)电缆线路应采用“三相五线”接线方式,电气设备及电气线路必须绝缘良好,场内架设的电力线路其悬挂高度及线距符合安全规定,并架在专用电杆上。

(3)变压器必须设接地保护装置,并设置围栏,设门加锁,专人管理,并悬挂“高压电危险,切勿靠近”的警示牌。

(4)室内配电柜、配电箱前要有绝缘垫,并安装漏电保护装置。

(5)各类电气开关和设备的金属外壳,均设接地或接零保护。严禁用其他金属丝代替熔断丝。

(6)防火防电配电箱,箱内不得存杂物,应设门加锁,专人管理。

(7)移动的电气设备的供电线使用橡胶电缆,穿过场内行车道时,穿管埋地敷设,不得使用破损电缆。

(8)检修电气设备时必须停电作业,电源箱或开关握柄上挂"有人操作,严禁合闸"的警示牌或设专人看管。必须带电作业时经有关部门批准。

(9)现场架设的电力线路,不得使用裸导线。临时敷设的电线路,不准挂在钢筋模板和脚手架上,必须安设绝缘支承物。

(10)施工现场用的手持照明灯使用36V的安全电压,在潮湿的基坑、洞室掘进用的照明灯则采用12V电压。

6.10.3　机械安全措施

(1)各种机械操作人员和车辆驾驶员,必须取得操作合格证。不准操作与证不相符的机械,不准将机械设备交给无操作证的人员操作,对机械操作人员要建立档案,专人管理。

(2)必须按照本机说明书规定,严格执行工作前的检查制度和工作中注意观察及工作后的检查保养制度。

(3)驾驶室或操作室应保持整洁、严禁存放易燃、易爆物品,严禁酒后操作机械,严禁机械带病运转或超负荷运转。

(4)机械设备在施工现场停放时,应选择安全的停放地点,夜间应有专人看管。

(5)用手柄启动的机械应注意手柄倒转伤人。向机械加油时要严禁烟火。

(6)严禁对运转中的机械设备进行维修、保养、调整等作业。

(7)指挥施工机械作业人员,必须站在可让人瞭望的安全地点并应明确规定指挥联络信号。

(8)使用钢丝绳的机械,在运行中严禁用手套或其他对象接触钢丝绳。

(9)起重作业严格按照《建筑机械使用安全技术规程》(JB3—86)和《建筑安装工人安全技术操作规程》规定的要求执行。

(10)定期组织机电设备、车辆安全检查,对检查中查出的安全问题,按照"三不放过"的原则进行调查处理。制定防范措施,防止机械事故的发生。

6.10.4　火工品管理和爆破安全管理

爆破工程施工及其材料炸药、雷管、导火索等的运输、储存发放等必须符合现行的《爆破安全规程》的规定。

(1)成立专门的爆破领导组织机构,成立爆破专业施工队,专职负责爆破施工。

(2)选用导爆管非电启爆系统,该系统能根据需要选择分段启爆数和微差间隔时间,使爆破震动降低到最低限度。

(3)采用微震爆破技术,多循环、短进尺、弱装药、孔内分段微差延时启爆、减少最大分段药量。

(4)加强爆破震动监测,根据监测信息及时反馈,调整钻爆参数。

(5)加强对爆破器材的管理和规范施工检查。

(6)禁止进行爆破器材加工和爆破作业的人员穿化纤衣服,以免静电引爆。

(7)用木质炮棍装药,特别注意装药量、启爆顺序、雷管段数“对号入座”。装药完毕联接网络,经专人检查合格,人员设备撤至安全区后,专人指挥启爆,并设专人进行数炮。

(8)启爆后立即开动风机加强通风。爆破工作面的有毒气体含量每周测定一次。

(9)通风15min后,爆破人员进入工作面检查有无瞎炮和险情,一经发现及时处理。发现盲炮或怀疑有盲炮,立即报告及时处理。盲炮处理时,无关人员不准在场,只允许具有经验的爆破员处理,处理盲炮必须由处理者填写登记卡。

(10)危石处理:由撬顶工在渣堆上用长撬棍清找顶部及两帮危石,防止落石伤人。